国家骨干高职院校工学结合创新成果系列教材

汽车空调结构原理与维修

主　编　巫尚荣

副主编　王芬芳

主　审　陈吉祥　江家勇

中国水利水电出版社

www.waterpub.com.cn

内 容 提 要

本书面向汽车类专业编写，对传统学科型教材进行了整合。全书共分为 5 个项目，每个项目都提出学习目标和教学设计，列出教学设备，以汽车空调各主要零部件的检修实操指导切入，详细阐述汽车空调系统的维护和常见故障的诊断与排除。最后对汽车空调零部件的结构组成、工作原理和检修方法步骤等相应的知识作了必要的介绍，图文并茂，为实现"教、学、做一体化"教学模式打下基础。

本书针对高职高专学生技能要求的特点，着重操作技能的训练，满足高职高专技能型人才的培养。为便于教师教学和学生的拓展学习，项目后面附有必要的习题和拓展阅读。

本书可作为高等院校车辆工程、交通运输、汽车服务工程等汽车类高职高专的教材，也可作为汽车运输企业、汽车维修企业、汽车检测站的技术与管理人员的参考用书。

图书在版编目（CIP）数据

汽车空调结构原理与维修 / 巫尚荣主编. -- 北京：
中国水利水电出版社，2015.2(2021.7重印)
国家骨干高职院校工学结合创新成果系列教材
ISBN 978-7-5170-2997-7

Ⅰ. ①汽… Ⅱ. ①巫… Ⅲ. ①汽车空调－构造－高等
职业教育－教材②汽车空调－维修－高等职业教育－教材
Ⅳ. ①U463.850.3②U472.41

中国版本图书馆CIP数据核字(2015)第034904号

书　　名	国家骨干高职院校工学结合创新成果系列教材 **汽车空调结构原理与维修**
作　　者	主编　巫尚荣　　副主编　王芬芳　　主审　陈吉祥　江家勇
出版发行	中国水利水电出版社 （北京市海淀区玉渊潭南路 1 号 D 座　100038） 网址：www.waterpub.com.cn E-mail：sales@waterpub.com.cn 电话：(010) 68367658（营销中心）
经　　售	北京科水图书销售中心（零售） 电话：(010) 88383994、63202643、68545874 全国各地新华书店和相关出版物销售网点
排　　版	中国水利水电出版社微机排版中心
印　　刷	北京瑞斯通印务发展有限公司
规　　格	184mm×260mm　16 开本　10 印张　237 千字
版　　次	2015 年 2 月第 1 版　2021 年 7 月第 2 次印刷
印　　数	4001—7000 册
定　　价	**38.00 元**

前　言

随着汽车工业的迅猛发展和人民生活水平的日益提高，汽车已经开始走进千家万户。人们在一贯追求汽车的安全性、可靠性的同时，如今也更加注重对舒适性的要求。因而，汽车空调系统作为现代乘用车的标准装备也就更为人们所重视。

伴随汽车空调系统的普及与发展，其使用与维修问题也日益凸显。为了让广大高职院校学生、汽车维修人员以及车主更加了解汽车空调的结构原理和维修等相关知识，从而更好地掌握汽车空调使用、维护和检修技能，我们编写了这本书。

为贯彻教育部 2006 年 16 号文件的精神，本书以行动引导型教学法组织教材内容，全部采用项目驱动的方案，采用"教、学、做一体化"模式组织教学，凸显高职教育特色。全书由 5 个项目组成，每个项目都采用一些实践性强的实训任务导入，突出以能力为本位、以应用为目的的特点，符合"从感性上升到理性、从实践引入理论、从形象过渡到抽象、从整体到细节"的认知规律，具有"寓基础知识于应用中、寓理论于实践中，寓枯燥于兴趣中"的特点。在教学内容的处理和安排中，着重操作技能的培养，按教学准备、实操指导、相关知识、习题和拓展阅读的顺序，同时，根据人们对汽车空调的认知规律安排内容。

本书的编审团队，主要由既有丰富的实践经验又有多年职教教学经验的教师组成，教材的主体内容和教学方案已经过两三年的实践检验，教学效果显著，深受学生的欢迎和称赞。

本书由广西水利电力职业技术学院巫尚荣任主编，王芬芳任副主编，黔西南民族职业技术学院陈吉祥和广西水利电力职业技术学院汪家勇担任主审。参加编写的还有广西水利电力职业技术学院林保辉、广西梧州职业技术学院茹奕洪和广西北海职业学院王东升等老师。本书编写分工如下：项目 1 由林保辉、茹奕洪编写，项目 2 由王芬芳编写，项目 3～5 由巫尚荣、王东升编写。

在编写本书过程中，借鉴和参考了大量国内外汽车厂家的技术资料和相关出版物，在此向相关人员致以诚挚的谢意！

由于编者水平有限，书中难免出现错误，敬请读者批评指正。

编者

2014 年 12 月

目　　录

项目1 汽车空调系统零部件的检修

教 学 准 备			
序号	名称		内　　容
1	学习目标	知识目标	（1）理解掌握汽车空调的作用、结构和工作原理； （2）熟悉掌握空调制冷系统各组件的作用、结构和工作原理； （3）掌握空调系统主要零部件的检测和维修方法
		技能目标	（1）牢记并在操作中严格遵守汽车空调检修规则； （2）认识汽车空调零部件及其安装位置； （3）能正确判断汽车空调系统各零部件的好坏； （4）会检修或更换汽车空调系统各主要零部件； （5）会分析诊断空调制冷系统常见故障
2	教学设计		在课堂上讲述制冷系统各元件的工作原理，然后在实训室现场讲述系统组成和元件结构拆装方法等；演示检修操作方法，最后将学生分成若干组进行相应的实训项目操作
3	教学设备		汽车空调压缩机，帕萨特自动空调实训台两台，桑塔纳手动空调实训台两台，桑塔纳2000型一辆，别克君威一辆，大众朗逸两辆，上海大众POLO两辆，以及温度表、万用表等一些常用工具

1.1　实　操　指　导

实操目的：初步认识汽车空调制冷系统各组件及其在车上安装的位置，然后进一步对各主要部件进行检测、维修或更换，逐渐学会对常见的故障进行分析和排除。

实操过程：检修离合器、压缩机、热交换器、膨胀阀、干燥器和气液分离器等制冷系统的主要部件。

1.1.1　汽车空调检修的注意事项

1.1.1.1　制冷剂的安全性

制冷剂是一种空调系统内使用的介质，用于吸收、传导和释放热量。目前使用的制冷剂有 R-12 和 R-134a 两种，现在的汽车使用制冷剂多为134a（R-134a），这是一种无毒、不可燃、清澈、无色、且经过液化的气体。但由于 R-134a 的沸点低，在处理时必须小心谨慎，进行制冷剂的回收和再循环、添加制冷剂油、泄放制冷系统、重新加注制冷系统等维修时必须严格采取如下预防措施。

（1）在充注或回收制冷剂时，必须通风，不要在密闭的空间或靠近明火的地方处理制冷剂。制冷剂虽无色无味，但能使人窒息。因此在保养空调时不要在地沟、凹坑等地方排放制冷剂。排放制冷剂的工作要在通风良好的地方进行。

（2）必须戴护目镜和手套操作（图1-1和图1-2），避免液态的制冷剂进入眼睛或溅到皮肤上。制冷剂碰到皮肤会吸收人体大量热量而蒸发，从而冻伤人体，因此操作时要严加注意。同时应戴上防护眼镜，以保护眼睛。一旦液态制冷剂进入眼睛，千万不能用手揉，要马上用大量的干净冷水冲洗并立即到医院治疗。

（3）制冷剂不燃烧、不爆炸，但其气体碰到明火会产生有毒的光气，因此不要在制冷系统维修现场附近进行焊接操作或吸烟。

（4）不要将制冷剂罐直接放在温度高于40℃的热水中，禁止加热制冷剂罐（图1-3）。

（5）不要将制冷剂的罐底对着人，有些制冷剂罐底有紧急放气装置。

（6）不要在空调系统保持压力状态下进行加热作业，如维修加热、焊接等，以避免系统内压力增大，造成系统损坏。

（7）在更换制冷循环系统零部件时，首先要排空管路中的制冷剂。

（8）避免吸入制冷剂蒸气（图1-4）。

  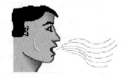

图1-1　护目镜　　　图1-2　手套　　　图1-3　禁止加热制冷剂　　图1-4　避免吸入制冷剂

1.1.1.2　冷冻油安全

1. 冷冻油的储藏使用

必须从封闭、密封的容器中取用经认可的压缩机油。当添加制冷剂油时，传送装置和容器必须清洁和干爽，以便尽可能减少污染。制冷剂油不含水，但若放在打开或没有密封的容器中，则随时可从空气中吸收水分。因此，在维修程序要求使用制冷剂油之前，不要打开盛油的容器，使用后立即将其盖好。不要再次使用从制冷系统中取出的制冷剂油，并根据当地的法规正确处置废机油。

2. 区分不同制冷剂所配的冷冻油

尽管使用R-134a制冷剂的空调系统与使用R-12制冷剂的空调系统非常相似，但两者所使用的润滑剂和维修设备却十分不同。

R-134a制冷剂与R-12制冷剂在空调系统中不兼容。在R-134a系统中使用R-12会造成压缩机失效，制冷剂油沉淀，或是空调系统性能不良。

制冷剂R-134a中含有一种特殊的润滑油，即聚亚烃基乙二醇（PAG）合成制冷油。通用汽车公司的PAG制冷剂油为浅黄色。这种油具有吸湿性（可从大气中吸收水分），因此应储存在密封容器内。R-134a空调系统内部循环仅用聚亚烃基乙二醇合成制冷剂油（PAG），管接头螺纹和O形密封圈仅用525黏度的矿物机油。如使用其他规格的润滑油，会造成压缩机故障和/或装配卡滞。

1.1.1.3 防爆防燃防泄漏

（1）制冷剂容器必须密闭，防止过压。汽车空调制冷系统的制冷剂既有气态，也有液态，其压强高于大气压强（可达 2.068MPa）。制冷剂在保存、运送中，容器必须保持密闭。在对汽车制冷系统进行检修的过程中，也要防止制冷剂泄漏。如果制冷剂的容器和汽车制冷系统的压强过高，会有爆裂的危险。制冷剂的压强随温度升高而增加，或受压缩机控制，因此必须防止盛装制冷剂的容器和管路压强过高。

（2）定期对盛装制冷剂的容器进行压强检测。制冷剂钢瓶锈蚀、撞击变形等会使强度下降，即使在正常使用条件下，钢瓶的耐压能力也会下降。一般每 5 年作一次钢瓶的耐压检验，使用 5 年而未重新检测的钢瓶不能再继续使用。

此外，容易受到腐蚀的部件还有螺栓、螺钉、螺母、铆钉，以及金属或非金属管路。特别是在潮湿或含酸的环境下，这些部件应该经常检查，如有必要还应检修和更换。对金属件适当涂漆、涂润滑油可延缓腐蚀侵害。管路、阀门、附件、自动压强控制阀等应定期检查，严重腐蚀的或强度减弱的零部件应及时更换。

1.1.1.4 防止有毒气体、粉尘侵害

1. 有毒气体来源及产生

在汽车空调的检修过程中，需要使用、接触的气体较多，有些气体在自然状态下对人体是安全的，但一旦遇到火焰或被加热至高温时，热分解就会使这些相对安全的气体产生其他强毒性气体。

有些制冷剂是含有卤族元素的，卤族元素是指氟（F）、氯（Cl）、溴（Br）、碘（I）等元素，所以制冷剂遇热会分解释放出一些自由氯、氯化氢（HCl）、氟化氢等，它们是高毒性气体。这些气体一般都具有辛辣味，闻到此种味道，应尽快离开，并对场地通风。

在焊接（铜焊和锡焊）工艺中使用的乙炔气体也是有毒的，虽然毒性不强，但也应尽量避免吸入人体。

在汽车空调的维修中，有可能接触石棉纤维等其他粉尘，这些粉尘对人体的危害较大。目前虽然石棉制品在许多应用场合已被取代，但仍需注意。

2. 注意事项

在汽车空调维修中，了解各种制冷剂和其他气体、烟气的特征后，只要采取了合理的保护措施，就可不必担心气体可能带来的危害。需要注意以下事项：

（1）在通风不畅的场所，不要排放任何气体。

（2）需进入充满有毒气体的房间时，应先戴上防毒面具。

（3）不使用有问题的管路及接头，发现变形、变软或发黏应立即更换。

（4）注意操作场地的异常气味，一旦发现，加强通风并找出原因。

（5）不在有明火或通风不良的场地进行维修工作。

（6）要用专门回收装置抽吸制冷系统内的制冷剂，不可开放泄漏口向大气排放制冷剂。

（7）当使用清洗溶剂时应保持室内有良好的通风。

（8）不在密闭的车间里启动汽车发动机。

（9）石棉废物和碎片应收集在密闭的垃圾袋或容器中，并做好标记。

（10）当接触石棉制品时，应穿专用的服装并配戴呼吸器。

（11）易产生石棉等粉尘的场地应通风良好，接触石棉等制品时最好先淋湿粉尘源。

1.1.1.5 正确使用空调检修设备和工具

对汽车空调进行检修，需要有专门的设备和工具。在使用这些专用设备和工具前，应仔细阅读说明书，在清楚明了使用方法、操作步骤、注意事项之后再行使用。正确地使用相关设备工具，不仅保证了正常检修和人员设备工具的安全，还避免了人为造成的新故障及系统损坏程度的加剧。

1.1.2 检修离合器

电磁离合器根据需要驱动或停止压缩机，开启空调时如果没听到电磁离合器"嗒"的吸合声音，表明离合器不工作，就需要对电磁离合器进行检查。电磁离合器常见故障有烧坏、打滑、不能结合或断开等，应重视并检查排除，见表1-1。

表1-1 离合器常见故障及排除方法

故障现象	解决方法
（1）传动带打滑； （2）传动带不平行； （3）离合器打滑； （4）离合器不能吸合	（1）张紧传动带，用大拇指以98N的力按下带中心点，新带的挠度为9～11mm；用过旧带的挠度为11～16mm； （2）调整平行度； （3）调整间隙（0.3～0.8mm）或更换离合器轮毂； （4）先检查控制继电器、空调的电控单元等，确实测量电磁线圈上的工作电压正常后，最后检测电磁线圈是否有断路、短路或接触不良的故障

1.1.3 检修压缩机

1.1.3.1 检查压缩机是否正常

运行空调，压缩机正常工作时，吸气端温度低，排气端温度较高（70～80℃）。检查压缩机吸气和排气端的温度是否有明显的差异，如温度无差异，说明压缩机有故障；或者检测两端的压力，高压偏低，低压偏高，说明压缩机有故障。

1.1.3.2 阀片组件的检查

吸气阀片和排气阀片的破损会引起噼啪响的声音；怠速时，如果缸盖垫产生问题，会引起排气压强的下降和吸气压强的上升。在怠速的工况下，阀片和衬垫的情况可通过以下几步检查：

（1）通过服务接头连接压强表，检查吸气和排气压强。

（2）在怠速的时候运行压缩机5min后停止。

（3）观察吸气压强和排气压强的平衡时间应在2min以内。

1.1.3.3 压缩机泄漏检查

压缩机是否泄漏可通过以下几种方式进行检查。

（1）目视检查。一般而言，油迹可作为制冷剂泄漏的一个标志，可通过目测查找油封连接处是否有油迹。

（2）充气后用肥皂泡检查泄漏部位。

（3）使用电子检漏仪等设备检漏。

1.1.3.4 压缩机润滑油位的检查：

检查系统内冷冻机油量，或更换系统部件时，必须事先运转压缩机，进行回油操作。

（1）打开所有车门和发动机盖。

（2）启动发动机，将空调开关置于"ON"档，鼓风机速度置于最高位置。

（3）以 800～1000r/min 转速运转压缩机 20min 以上，运行制冷系统。

（4）停止发动机。

压缩机的冷冻机油检查方法一般有观察视镜和观察油尺两种。

观察视镜是通过压缩机上安装的视镜玻璃，观察冷冻机油量，如果压缩机油面达到观察高度的 80％位置，一般认为是合适的。如果在这个位置之上，则应放出多余的冷冻机油，观察油尺。未装视镜玻璃的压缩机，可用量油尺检查其油量。这种压缩机有的只有一个油塞，油塞下面有的装有油尺，有的没有油尺，需要另外用专用油尺插入检查。观察油面的位置是否在规定的上下限定之间。

1.1.3.5 压缩机的更换

一般的汽车修理厂不拆解压缩机，如确诊压缩机不起压缩作用或工作时有异响，则需更换压缩机，因此必须将压缩机从车上拆卸下来，压缩机的车上拆装步骤见表 1-2。

表 1-2　　　　　　　　　　　压缩机的车上拆装步骤

拆卸压缩机	安装压缩机	注意事项
（1）点火开关位于关（OFF）的位置； （2）盖好汽车表面的保护罩，以保护表面涂层； （3）拆下蓄电池的搭铁线； （4）用专用设备抽出制冷系统的制冷剂； （5）拆下妨碍拆卸工作的其他配件； （6）拆下压缩机进出口软管或维修阀； （7）拆下电磁离合器的电源引线； （8）松开并拆下传动皮带； （9）从压缩机支架和托座上拆下固定螺栓； （10）从车上拆下压缩机	（1）将螺栓安装到压缩机支架和托座上； （2）安装离合器的电源引线； （3）用新的密封垫或 O 形圈，并安装压缩机的进出口管路； （4）系统检漏； （5）系统抽真空； （6）充灌制冷剂； （7）性能测试	（1）断开蓄电池负极拉线； （2）回收制冷剂； （3）拆卸高、低压管后，封闭管口，防止异物侵入； （4）安装压缩机时，必须使离合器带轮、发动机带轮的带槽对应面处在同一平面内

1.1.4 检修热交换器

1.1.4.1 冷凝器的检修

（1）冷凝器的外部散热片堵塞（灰尘、昆虫、树叶及其他外来异物积聚在散热片间）如图 1-5 所示，使空气不能通过，降低了冷凝器的散热能力，使制冷效率降低或不制冷。另外，冷凝器的散热片及盘管表面灰尘层和油层也会影响冷凝器的散热。冷凝器散热片及盘管必须保持表面干净才有最好的散热性能，应经常进行检查清洁。冷凝器要用软毛刷（软布、棉纱）和清水清洗，注

图 1-5　冷凝器表面布满尘埃

意不要用硬毛刷和高压水冲刷，不要弄弯散热片。

（2）因为冷凝器承受的是高温高压，因此，冷凝器的内部盘管泄漏也是常见故障。发现漏洞后通常要由专业修理人员修理或更换新品。冷凝器常见故障是外面脏污、导管内部出现脏堵以及泄漏等，可用前面所讲述的检漏方法检查冷凝器的泄漏情况。如果是冷凝器进、出口处出现泄漏，可能是密封圈老化出现泄漏，需要紧固或换密封圈；如果是冷凝器本身泄漏，则应拆下进行修理。检查冷凝器的外观，看冷凝器外表面有无污垢，残渣翅片是否倒伏，如果有，则会造成冷凝器散热不良。

（3）用歧管压强表检查冷凝器，如果发现压缩机高压过高，不能正常制冷，冷凝器导管外部有结霜或下部不烫的现象，则说明导管因内部脏堵或因外部压瘪而堵塞。

1.1.4.2　蒸发器的检修

蒸发器常见故障为蒸发器表面脏污（图1-6）、泄露、管道堵塞等，具体如下：

图1-6　蒸发器表面脏污

（1）泄漏。蒸发器的内部盘管泄漏是常见故障，泄露处不易自行采用焊接方法修理，通常要由专业修理人员修理或更换新品。

（2）吸热片脏污。蒸发器的外部吸热片堵塞（灰尘、油污等其他异物积聚在吸热片间），使空气不能通过，导致制冷效率降低。蒸发器吸热片及盘管必须保持表面干净才有利于热交换，应经常检查并清洁。蒸发器要用软毛刷（软布、棉纱）和清水清洗，注意不要用硬毛刷和高压水冲刷，不要弄弯吸热片。

（3）管道堵塞或扭结。蒸发器及连接管路内部的压强较低，使用维护中要尽量避免软管弯折角度过大或受到挤压导致管路不畅；充灌制冷剂时应避免制冷剂污染并防止杂质进入系统。

1.1.5　检修膨胀阀

膨胀阀的常见故障与检修方法如下：

（1）膨胀阀开度过大，制冷剂系统中高低压均高，可调整调节螺栓，减小开度。

（2）膨胀阀开度过小，高压侧压强高，低压侧压强低，可调整调节螺栓，增大开度。

（3）膨胀阀入口滤网阻塞，可拆出清洗，烘干装回。

（4）膨胀阀的阀口处粘卡、脏堵，可拆下用制冷剂冲洗，后加机油润滑，也可换新膨胀阀。

（5）膨胀阀冰堵，先排空制冷系统，然后抽真空，重新加注制冷剂。

（6）感温包、毛细管破裂、失效，更换新的膨胀阀。

（7）感温包位置不当，固装不牢，应重新安装固定。注意膨胀阀应垂直安装。

1.1.6　检修储液干燥器和集液器（也称气液分离器）

1.1.6.1　储液干燥器的检修

储液干燥器常见的故障是泄漏、脏堵和失效，其检修方法如下：

（1）用检漏仪检查储液干燥器的接头处与易熔塞有无泄漏。如果两端的接头泄漏，则应紧固其接头或更换密封圈，无需拆下储液干燥器。

（2）检查储液干燥器的外表是否脏污，观察孔上是否清洁。

（3）用手感觉储液干燥器进、出口的温度。如果进、出口温差很大，甚至出口处出现结霜的现象，说明罐中的干燥剂散开，堵塞管路，应更换储液干燥器。

（4）检查膨胀阀，如果出现冰堵，说明制冷系统中有水，储液干燥剂失效，应更换。

（5）安装时应该垂直安装。

（6）储液干燥器在空调安装过程中，应该最后一个接入制冷系统中，并且马上抽真空，防止空气进入干燥器。

1.1.6.2　气液分离器的检修

（1）气液分离器常见的故障是泄漏、脏堵和失效。

（2）用检漏仪检查气液分离器的接头处有无泄漏。如果两端的接头泄漏，则应紧固其接头或更换密封圈，无需拆下气液分离器。

（3）检查膨胀阀，如果出现冰堵，说明制冷系统中有水，气液分离器的干燥剂失效，应更换。

（4）拆卸步骤：①拆下集液器前后管路接头；②拆下集液器。

（5）安装步骤。顺序与拆卸顺序相反。

（6）注意事项：①制冷剂循环每打开一次都需更换气液分离器；②安装时，不可将新换装的气液分离器进出口的塞堵提前取下，否则其内部的干燥剂会很快因吸水饱和而失效。

1.2　相　关　知　识

1.2.1　汽车空调的组成及工作原理

1.2.1.1　汽车空调系统的组成

汽车空调系统按其功能可分为制冷系统、暖风系统、通风系统、控制系统和空气净化系统 5 个基本组成部分（图 1-7）。

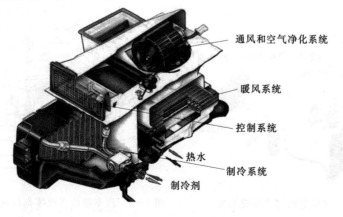

图 1-7　汽车空调系统的组成

1. 制冷系统

通过对车内空气或由外部进入车内的新鲜空气进行冷却，来实现降低车内温度的目的。作为冷源的蒸发器，其温度低于空气的露点温度，因此，制冷系统还具有除湿和净化空气的作用。

2. 暖风系统

轿车的暖风系统一般利用冷却液的热量，将发动机的冷却液引入车室内的暖风散热器中，通过鼓风机将被加热的空气吹入车内，以提高车内空气的温度；同时暖风系统还可以对前风窗玻璃进行除霜、除雾。

3. 通风系统

通风一般分为自然通风和强制通风。自然通风是利用汽车行驶时，车内外所产生的风压不同，在适当的地方，开设进风口和出风口实现通风换气；强制通风是采用鼓风机强制外气进入的方式，这种方式在汽车行驶时，常与自然通风一起工作。在通风系统中主要有空气处理室、送风道及风门等部件。

4. 空气净化系统

空气净化系统一般由空气过滤器、出风口等组成，用以对引入的空气进行过滤，不断排出车内的污浊气体，保持车内空气清洁。

5. 控制系统

控制系统主要由电气元件、真空管路和操纵机构组成。一方面用以对制冷和暖风系统的温度、压强进行控制，另一方面对车室内空气的温度、风量、流向进行操纵，完善了空调系统的各项功能。

1.2.1.2　汽车空调制冷系统组成及工作原理

1. 制冷系统功用及组成

制冷系统的功用是对车内空气或由外部进入车内的新鲜空气进行冷却或除湿，使车内空气变得凉爽舒适。汽车空调制冷系统由压缩机、冷凝器、储液干燥器、膨胀阀、蒸发器等组成，各部件之间采用铜管（或铝管）和高压橡胶管连接成一个密闭系统，如图1-8所示。各零部件在车上的相应位置如图1-9所示。

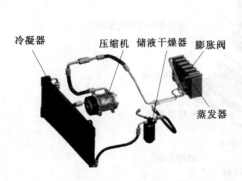

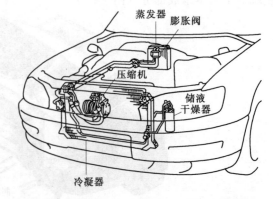

图1-8　汽车空调制冷系统组成　　　　图1-9　汽车制冷系统零部件在车上的相应位置

目前，汽车空调系统分为两大类：一类是循环离合器系统。特点是空调压缩机间断运转，通过压强开关或温度开关控制压缩机的工作，这种系统又可分为使用热力膨胀阀的循环离合器系统（CCTXV），如图1-10所示，以及使用孔管的循环离合器系统（CCOT），如图1-11所示。另一类是旁通回路除霜系统。用于不带电磁离合器的独立空调机组（大客车空调用），可分为旁通卸载和旁通除霜两种。

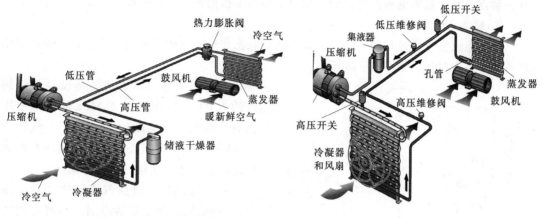

图1-10　热力膨胀阀式　　　　　　　　图1-11　孔管式

下面重点讲解循环离合器系统的两种类型。

（1）热力膨胀阀循环离合器系统。为该系统采用膨胀阀，这是一种起节流、降压、调节流量与膨胀作用的装置。由于膨胀阀只能控制过热，不能控制蒸发器结冰，因此需要加装恒温开关。恒温开关装在蒸发器上或风箱内，用以控制空调压缩机的停、转。上海大众桑塔纳2000型轿车即采用这种系统，使用的制冷剂为R-134a，车上布置如图1-12所示。

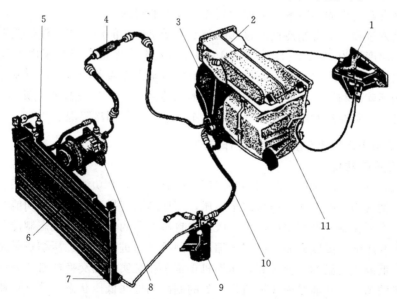

图1-12　桑塔纳2000型轿车R-134a空调制冷系统

1—控制装置；2—进风罩；3—蒸发箱；4—"S"管；5—"D"管；6—冷凝管；7—"C"管；
8—空调压缩机；9—储液干燥器；10—"L"管；11—加热器

（2）节流孔管式循环离合器系统。该系统采用孔管作为节流装置。控制方式一种是使用压强开关控制，即当制冷剂的压强低于或高于设定值时，断开电磁离合器的电路。另一种是使用恒温开关控制，即当蒸发器温度上升时，恒温开关触点闭合，从而接通空调压缩机电磁离合器至蓄电池的电路，空调压缩机运转，开始制冷；当蒸发器温度下降时，恒温开关触点断开，截断电磁离合器的电路，空调压缩机停转，停止制冷。

2. 制冷系统工作原理

制冷系统在工作过程中，制冷剂以不同的状态在这个密闭系统内循环流动，每一次循环有 4 个基本过程，如图 1-13 所示。

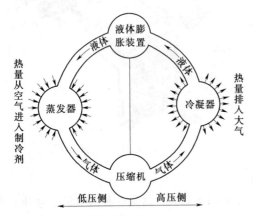

图 1-13　汽车空调制冷系统的工作原理

（1）压缩过程。压缩机将蒸发器低压侧温度约为 0℃、气压约 0.15MPa 的低温低压气态制冷剂增压成温度约 70～80℃、气压约 1.5MPa 的高温高压气态制冷剂。高压高温的过热制冷剂气体被送往冷凝器冷却降温。

（2）冷凝过程。过热气态制冷剂进入冷凝器，散热冷凝为液态制冷剂，使制冷剂的状态发生变化。冷凝过程的后期，制冷剂呈中温，气压约为 1.0～1.5MPa 的过冷液体。

（3）膨胀过程。冷凝后的液态制冷剂经过膨胀阀后体积变大，其压强和温度急剧下降，变成温度约 -5℃、气压约为 0.15MPa的低温低压湿蒸气，以便进入蒸发器中迅速吸热蒸发。在膨胀过程中同时进行节流控制，以便供给蒸发器所需的制冷剂，从而达到控制温度的目的。

（4）蒸发过程。液态制冷剂通过膨胀阀变为低温低压的湿蒸气，流经蒸发器不断吸热气化转变成温度约为 0℃、气压约为 0.15MPa 的气态制冷剂，吸收车内空气的热量。从蒸发器流出的气态制冷剂又被吸入压缩机，增压后泵入冷凝器冷凝，进行制冷循环。

制冷循环就是利用有限的制冷剂在封闭的制冷系统中，反复地将制冷剂压缩、冷凝、膨胀、蒸发，不断在蒸发器中吸热气化，对车内空气进行制冷降温。

1.2.2　制冷系统各零部件的构造及工作原理

1.2.2.1　压缩机功用

压缩机是汽车空调制冷系统的心脏。压缩机有两个重要功能：一是使系统内产生低压条件；二是把气态制冷剂从低压压缩至高压，并使其温度提高。这两种功能同时完成。压缩机维持制冷剂在制冷系统中的循环，吸入来自蒸发器的低温低压气态制冷剂，压缩气态制冷剂，使其压强和温度升高，并将压缩后的制冷剂送进冷凝器。压缩机是制冷系统中低压和高压、低温和高温的转换装置，压缩机正常工作是实现热交换的必要条件。

压缩机的第一个功能是使压缩机进口处的制冷剂处在低压状态，这样可使蒸发器内携带潜热（包括吸收了车室内的热量）的制冷剂流出蒸发器；该低压状态可使节流装置节流适量的制冷剂进入蒸发器。空调系统的节流装置（膨胀阀）出口至压缩机的进口之间是低压状态。

压缩机的第二个功能是将低压气态制冷剂压缩成高压气态（可能还会有少量的高压液态制冷剂存在）。压强的上升使制冷剂的温度升高，对制冷剂在冷凝器内放热提供必需的条件。

高压状态存在于压缩机的出口和节流装置的进口之间。根据物理学原理，气态制冷剂的压强增高时，其温度也升高。当温度和压强升得很高后，制冷剂在下一个部件冷凝器中散热冷凝得很快。

压缩机的上述两个功能只要有一个失效，就会导致空调系统内的制冷剂无法循环。系统内没有适量的制冷剂循环，就无法进行热交换，空调制冷系统将工作不良或完全不制冷。

有些压缩机有维修阀，这是由外部检测空调系统的通路。检测压力表由维修阀接口与系统连接。如回收制冷剂、抽真空及系统灌注制冷剂，均可通过维修阀进行。

1.2.2.2 常见压缩机类型

1. 曲轴连杆式压缩机

曲轴连杆式压缩机是种发展历史较长、应用较为广泛的制冷压缩机。压缩机的活塞在汽缸内往复运动，使汽缸的容积变化，从而在制冷系统中起到了抽吸、压缩和输送制冷剂的作用。

曲轴连杆式压缩机的活塞数量可以是一个或多个，活塞的排列可以是直列或"V"形。曲轴连杆式压缩机的结构如图 1-14 所示，压缩机的机体由汽缸体和曲轴箱组成，汽缸体的汽缸中装有活塞，曲轴箱中装有曲轴，通过连杆将曲轴与活塞连接起来。在汽缸顶部装有进气阀和排气阀，通过进气腔和排气腔分别与进气管和排气管相连。当发动机带动曲轴旋转时，通过连杆的传动，活塞便在汽缸内做上下往复运动，在进气阀、排气阀的配合下，完成对制冷剂气体的压缩和输送作用。

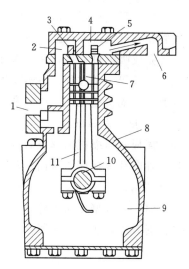

图 1-14　曲轴连杆式压缩机
1—进气管；2—进气腔；3—进气阀；
4—排气腔；5—排气阀；6—排
气管；7—活塞；8—汽缸体；
9—曲轴箱；10—曲轴；
11—连杆

曲轴连杆式压缩机的工作过程可分为压缩、排气、膨胀、吸气 4 个过程，如图 1-15 所示。

（1）压缩过程。活塞在曲轴的带动下向上运行时，进气阀被关闭，而排气阀因缸内压力较低，不能被顶开，因此，活塞上行，缸内体积减小，密闭在缸内的制冷剂气体的压力和温度不断升高。当活塞向上移动到一定位置，即缸内气体压力略高于排气阀上方的压力时，排气阀便被打开，开始排气。制冷剂气体在汽缸内从进气时的低压升高到排气压力的过程称为压缩过程。

（2）排气过程。活塞继续向上运行，汽缸内的制冷剂气体压力不再升高，而是不断地经过排气阀向排气管输出，直到活塞运动到最高位置（上止点）时，排气结束。制冷剂气体从汽缸向排气管输出的过程称为排气过程。

（3）膨胀过程。当活塞运行到上止点位置时，由于压缩机的结构及工艺等原因，活塞

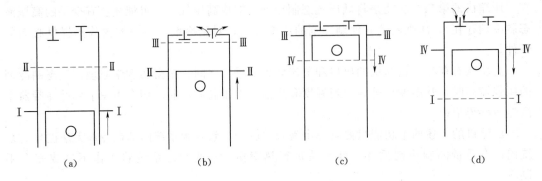

图 1-15 压缩机的工作过程

(a) 压缩；(b) 排气；(c) 膨胀；(d) 吸气

顶部与气阀座之间存在一定的间隙，该间隙所形成的容积称为余隙容积。排气过程结束时，该间隙内有一定量的高压气体，当活塞再下行时，排气阀已关闭，可进气阀并不能马上打开，进气管内的气体不能很快进入汽缸，这是因为残留的高压气体还需在汽缸容积增大后膨胀，使其压力下降，到汽缸内的压力稍低于进气管道内的压力时，进气阀才能打开。活塞从上止点向下移动到进气阀打开的过程，称为膨胀过程。

（4）吸气过程。活塞继续下行，进气阀打开，低压制冷剂气体便不断地由蒸发器经进气管和进气阀进入汽缸，直到活塞下行至下止点为止，这一过程称为吸气过程。

完成吸气过程后，活塞又上行，重新开始了压缩过程。压缩机经过压缩、排气、膨胀、吸气等 4 个过程，将蒸发器内的低压制冷剂气体吸入，使其压力升高后排入冷凝器，因此，压缩机起吸入、压缩和输送制冷剂的作用。

2. 摇板式压缩机

摇板式压缩机内部设有 5 个气缸，均匀分布在缸体内部的圆周上。当主轴转动时，摇板作轴向往复摇摆，从而带动活塞作轴向往复运动。实质是摇板式斜盘取代了传统的曲柄连杆结构。

SD-508 型压缩机外形如图 1-16 所示，压缩机剖面图如图 1-17 所示，压缩机主要部件展开图如图 1-18 所示。

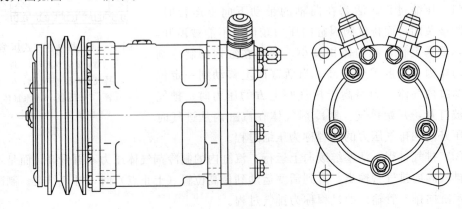

图 1-16 SD-508 型摇板式压缩机的外形

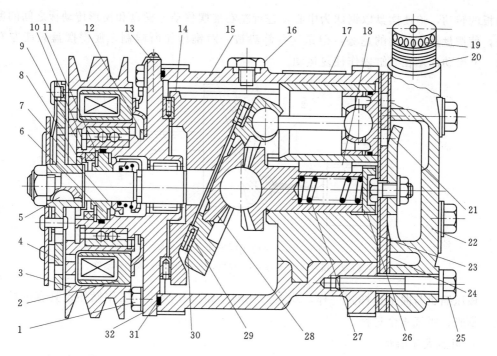

图 1-17　SD-508 型摇板式压缩机剖面图

1—前盖紧固螺栓；2—电磁离合器线圈总成；3—驱动带轮；4—吸盘；5—半月键；6—轴封静环；
7—密封件；8—弹性垫圈；9—油毡密封器；10—卡簧挡圈；11—孔用弹性挡圈；12—轴用弹性
挡圈；13—导线夹固定螺钉；14—连接管；15—气缸体（压缩机壳体）；16—油塞；17—铭牌；
18—平键；19—吸气口护帽；20—排气口护帽；21—垫片；22—气缸盖；23—气缸垫；
24—阀板；25—后盖紧固螺栓；26—调节螺母；27—弹簧；28—行星盘（斜）；
29—L 形推力片；30—推力轴承；31—密封圈（方形截面）；32—前缸盖

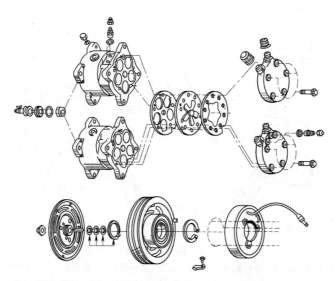

图 1-18　SD-508 型摇板式压缩机主要部件展开图

如图 1-19 所示，摇板式压缩机工作时，主轴带动楔形传动板一起旋转。由于楔形传动板的转动，迫使摆盘以钢球为中心，进行左右摇摆移动。摆盘和楔形传动板之间的摩擦力，使摆盘具有转动的趋势，但是这种趋势被一对锥齿轮所限制，使得摆盘只能左右移动，并带动活塞在气缸内作往复运动。

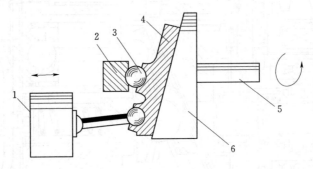

图 1-19　摇板式压缩机工作原理
1—活塞；2—压块；3—钢球；4—摇板；5—主轴；6—楔形传动板

该压缩机与曲轴连杆式一样，均有进气阀片和排气阀片，工作循环也具有压缩、排气、膨胀、吸气4个过程。

3. 斜盘式压缩机

斜盘式压缩机是一种轴向往复活塞式压缩机。目前，它是汽车空调压缩机中使用最为广泛的一种。国内常见的轿车，如奥迪、捷达以及富康等轿车皆采用斜盘式压缩机作为汽车空调的制冷压缩机。

如图 1-20 所示，斜盘式压缩机的主要零件有缸体，前、后缸盖，前、后阀板，活塞等。由于斜盘式压缩机的活塞双向作用，因此在它的两边都装有前、后阀总成，各总成上都装有进气阀片和排气阀片。

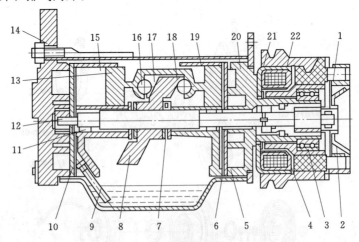

图 1-20　斜盘式压缩机剖视图
1—主轴；2—压板；3—带轮轴承；4—轴封；5—密封圈；6—前阀板；7—回油孔；8—斜板；
9—吸油管；10—后阀板；11—轴承；12—机油泵；13—活塞；14—后缸盖；
15—后气缸；16—钢球；17—钢球滑靴；18—前后活塞球套；19—前气缸；
20—前气缸盖；21—带轮；22—电磁线圈

如图1-21所示，当斜盘式压缩机工作时，主轴带动斜盘转动时，斜盘便驱动活塞做轴向移动，由于活塞在前后布置的气缸中同时做轴向运动，这相当于两个活塞在作双向运动。即当前缸活塞向左移动时，排气阀片关闭，余隙容积的气体首先膨胀，在缸内压力略小于吸气腔压力时，吸气阀片打开，低压气态制冷剂进入气缸开始了吸气过程；当后缸活塞向左移动时，开始压缩过程，蒸汽不断压缩，压力和温度不断上升，当压缩蒸汽的压力略大于排气腔压力时，排气阀片打开，转到排气过程，一直到活塞移动到左边为止。这样斜盘每转动一周，前后两个活塞各自完成吸气、压缩、排气、膨胀过程，完成一个循环，相当于两个工作循环。

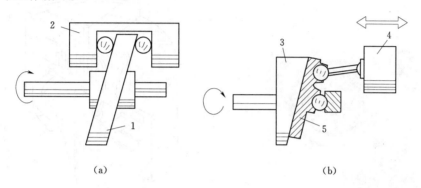

图1-21　斜盘式与摆盘式压缩机原理和结构比较

（a）斜盘式压缩机的活塞双向作用；（b）摆盘式压缩机的活塞单向作用

1—回转斜盘；2—活塞；3—楔形传动板；4—活塞；5—摆盘

4. 旋叶式压缩机

旋叶式压缩机又称刮片式压缩机，是旋转式压缩机的一种。旋叶式压缩机的气缸有圆形和椭圆形两类。叶片有2片、3片、4片、5片等几种。其中圆形气缸配置的叶片为2片、3片、4片3种。椭圆形气缸配置的叶片为4片、5片两种。旋转式压缩机基本上无余隙容积，其工作过程一般只有进气、压缩、排气3个过程，所以它的容积效率比往复式压缩机高得多。

如图1-22所示，旋叶式压缩机的主要零部件有缸体、转子、主轴、叶片、排气阀、后端盖、带有离合器的前端盖和主轴的轴衬。后端盖和前端盖上有两个滚动轴承支撑主轴转动，后端还有一个油气分离器。

如图1-23所示，在圆形气缸的旋叶式压缩机中，转子的主轴相对气缸的圆心有一偏心距，这使转子紧贴在气缸内表面的进气孔和排气孔之间。而在椭圆形气缸中，转子的主轴和椭圆的几何中心重合，转子紧贴椭圆两

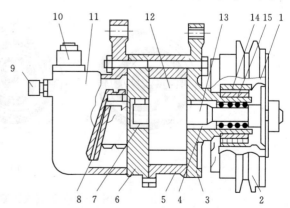

图1-22　旋叶式压缩机轴向剖视图

1—前板；2—带轮；3—前端盖；4—轴承；5—缸体；6—后盖板；
7—轴承；8—吸油；9—排气口；10—进气口；11—后端盖；
12—转子；13—主轴；14—带轮轴承；15—轴衬

短轴上的内表面。这样转子的叶片和它们之间的接触将气缸分成几个空间，当主轴带动转子旋转一周时，这些空间的容积发生扩大→缩小→归零的循环变化。相应地制冷剂蒸气在这些空间内发生吸气→排气的循环。

5. 涡旋式压缩机

涡旋式压缩机是一种新型压缩机，主要适用于汽车空调。它与往复式压缩机相比，具有效率高、噪音低、振动小、质量小、结构简单等优点，是一种先进的压缩机。如图1-24所示，涡旋式压缩机主要由固定涡旋盘、动涡旋盘、机架、连接器和曲轴等组成。

图1-23　旋叶式压缩机工作过程

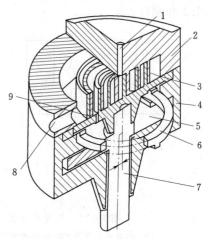

图1-24　涡旋式压缩机结构简图

1—排出口；2—固定涡旋盘；3—动涡旋盘；4—机架；5—背压腔；6—十字环；7—曲轴；8—吸入口；9—背压孔

如图1-25所示，涡旋式压缩机工作时，月牙形容积中的制冷剂蒸气与设在涡旋圈中心的排气口相通。在压缩的同时，动圈与定圈的外周又形成吸气容积，再回旋，再压缩，如此周而复始完成吸气、压缩、排气的工作过程。

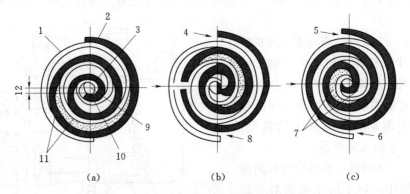

图1-25　涡旋式压缩机工作原理

(a) 吸气结束；(b) 压缩行程；(c) 排气开始之前

1—固定圈；2—动圈；3—固定圈涡旋中心；4、5、6、8—制冷剂蒸气；7—最小压缩容积；

9—排气口；10—动圈涡旋中心；11—开始压缩容积（最大容积）；12—回旋半径

1.2.2.3 电磁离合器

1. 电磁离合器的作用

压缩机一般都装有电磁离合器，它是压缩机带轮组件的一部分。电磁离合器的作用是，通过离合器电磁线圈通断电，决定是否将发动机的动力传向压缩机。

2. 电磁离合器的结构和工作原理

电磁离合器主要由前板、皮带盘（转子）及电磁线圈组成，如图1-26所示。

电磁离合器带轮由发动机（曲轴皮带轮及传动皮带）的动力驱动，只要发动机开始运转，带轮就运转。当空调开关闭合时，电流通过电磁线圈，产生较强的磁场，使压缩机的电磁离合器从动盘和自由转动的皮带轮吸合，动力就由带轮经离合器轮毂传向压缩机主轴，从而驱动压缩机主轴旋转。当把电流切断，磁场就消失，靠弹簧作用把从动盘和皮带轮分开，压缩机便停止工作，带轮空转。

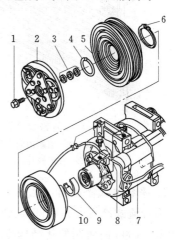

图1-26 电磁离合器的结构
1—螺栓；2—前板；3—调整圈；4—卡环；
5—皮带盘；6—挡圈；7—压缩机缸体；
8—螺栓；9—毛毡油封；10—电磁线圈

1.2.2.4 热交换器

汽车空调中的冷凝器和蒸发器统称热交换器。

1.2.2.4.1 冷凝器

汽车空调制冷系统中的冷凝器是一种由管子与散热片组合起来的热交换器。冷凝器的作用是将压缩机送来的高温、高压的气态制冷剂转变为液态制冷剂，制冷剂在冷凝器中散热而发生状态的改变。因此冷凝器是一个热交换器，将制冷剂在车内吸收的热量通过冷凝器散发到大气中。小型汽车的冷凝器通常安装在汽车的前面（一般安装在散热器前），通过风扇进行冷却（冷凝器风扇一般与散热器风扇共用，也有车型采用专用的冷凝器风扇）。冷凝器一般安装在水箱前面且与水箱平行（垂直水平面）（中型客车安装在车身两侧或车身后侧，并用高速冷凝风扇提高散热能力），以保证良好的通风散热性。

汽车空调冷凝器有管片式、管带式及平行流式3种结构形式。

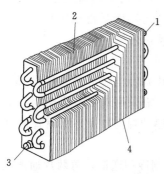

图1-27 管片式冷凝器
1—进口；2—圆管；
3—出口；4—翅片

1. 管片式冷凝器（见图1-27）

管片式冷凝器结构是汽车空调中早期采用一种冷凝器，制造工艺简单。即用胀管法将铝翅片胀紧在紫铜管上，管的端部用U形弯头焊接起来。这种冷凝器清理焊接氧化比较麻烦，而且其散热效率较低。

2. 管带式冷凝器（见图1-28）

将宽度为22mm、32mm、44mm、48mm的扁平管弯成蛇管形，在其中安置散热带（即三角形翅板或其他类型板带），然后进入真空加热炉，将管带间焊好。这种形式的冷凝器即为管带式冷凝器。

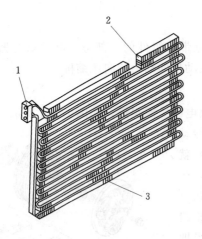

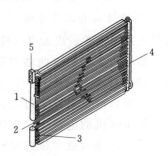

图 1-28　管带式冷凝器

1—接头；2—铝制内肋扁管；

3—波形翅片

图 1-29　平行流式冷凝器

1—圆筒集管；2—铝制内肋扁管；3—波形

散热翅片；4—连接管；5—接头

3. 平行流式冷凝器（见图 1-29）

平行流式冷凝器是由圆筒集管、铝制内肋扁管、波形散热翅片及连接管组成的。它是专为 R-134a 而研制的新结构冷凝器。

在安装冷凝器时，需注意如下两点：

（1）连接冷凝器的管接头时，要注意哪里是进口、哪里是出口，顺序绝对不能接反。否则会引起制冷系统压力升高、冷凝器胀裂的严重事故。

（2）未装连接管接头之前，不要长时间打开管口的保护盖，以免潮气进入。

1.2.2.4.2　蒸发器

蒸发器的作用是将经过节流降压后的液态制冷剂在蒸发器内沸腾汽化，吸收蒸发器表面周围空气的热量而降温，风机再将冷风吹到车室内，达到降温的目的。

汽车空调蒸发器有管片式、管带式、层叠式 3 种结构。

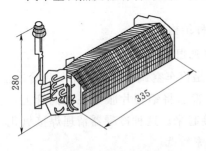

图 1-30　管片式蒸发器

1. 管片式蒸发器（见图 1-30）

管片式蒸发器由铜质或铝质圆管套上铝翅片组成，经胀管工艺使铝翅片与圆管紧密相接触。其结构较简单，加工方便，但换热效率较差。

2. 管带式蒸发器（见图 1-31）

管带式蒸发器由多孔扁管与蛇形散热铝带焊接而成，工艺比管片式复杂，需采用双面复合铝材（表面覆一层 0.02～0.09mm 厚的焊药）及多孔扁管材料。

3. 层叠式蒸发器（见图 1-32）

层叠式蒸发器由两片冲成复杂形状的铝板叠在一起组成制冷剂通道，每两片通道之间夹有蛇形散热铝带。这种蒸发器也需要双面复合铝材，且焊接要求高，因此，加工难度最大，但其换热效率也高，结构也最紧凑。

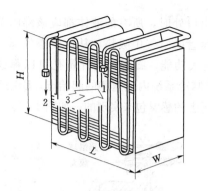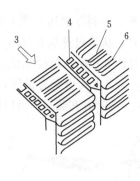

图 1-31　管带式蒸发器

1—进口；2—出口；3—空气；4—管子；5—翅片；6—散热器

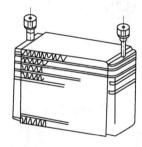

图 1-32　层叠式蒸发器

1.2.2.5　制冷系统节流装置

　　汽车空调制冷系统中的节流装置，是冷凝器内的高压液态制冷剂进入低压空间——蒸发器的"阀门"，节流装置的安装位置在冷凝器出口与蒸发器进口之间（见图 1-33）。节流装置在制冷系统中很重要，由于它的节流作用，形成了系统制冷剂的高低压空间，使制冷剂能够被压缩液化散热、蒸发汽化吸热的条件之一，进而完成制冷过程。节流装置特别是膨胀阀还有调节控制制冷剂的流量的作用，即实现了制冷量调节。汽车制冷系统的节流装置主要有两种型式：膨胀节流阀和孔管。最初应用最多的是膨胀阀，另一种装置——膨胀节流管（又称孔管），最初是由通用汽车公司采用，后来逐渐被很多汽车厂家采用。

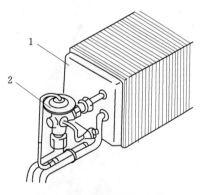

图 1-33　膨胀阀安装位置

1—蒸发器；2—膨胀阀

1.2.2.5.1　膨胀阀

　　膨胀阀是汽车空调制冷系统的高压与低压的分界点，它将系统的高压侧与低压侧分隔开，阀内的可变化毛细管只能允许很小流量的制冷剂进入蒸发器，通过阀的制冷剂流量由蒸发器温度所控制，毛细管内有一"锥形针"阀心，阀心提升或下降可以改变其开度大小，当阀全开时，直径为 0.2mm。

　　制冷剂刚通过恒温膨胀阀后的一刻尚是 100% 液态，只有极少量的液态制冷剂在这一刻因急剧的压降而蒸发，这称为闪气。随着压力下降，全部通过该阀的制冷剂立即改变其状态，开始沸腾，在制冷剂达到蒸发器出口处时，所有的液体都应该沸腾蒸发完毕。当制冷剂沸腾蒸发时，从流过蒸发器翅片和盘管的空气中吸热，从而使空气降温。

膨胀阀具有计量和控制制冷剂流量两大功能，膨胀阀的计量孔可以释放制冷剂的压力（由针阀控制），使之由高压变为低压，是制冷系统内低压侧的起始点，膨胀阀自动调节制冷剂流量的功能是依靠捆扎在蒸发器出口管子上的感温包来实现的，如图1-34（a）、（b）所示。

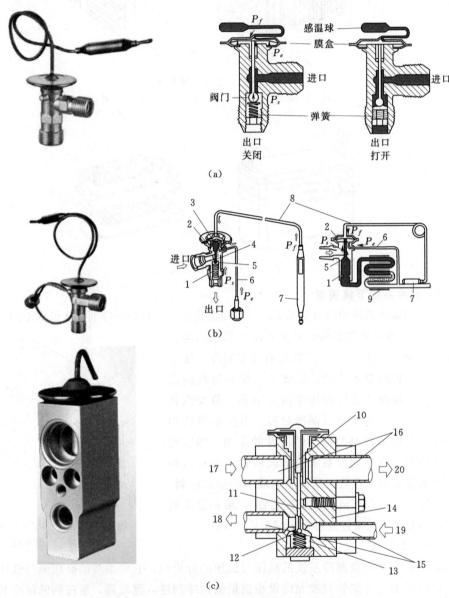

图 1-34　膨胀阀

（a）内平衡式膨胀阀；（b）外平衡式膨胀阀；（c）H形膨胀阀

1—压力弹簧；2—膜片；3—膜片室；4—均衡管路；5—阀体；6—外平衡管；7—热敏管；8—毛细管；
9—蒸发器；10—感温元件；11—调节杆；12—球阀；13—弹簧；14—阀体；15—第一通道；
16—第二通道；17—蒸发器出口；18—蒸发器进口；19—储液干燥器出口；20—压缩机低压端

膨胀阀有温度传感元件称为远程感温包，感温包与蒸发器尾部管接触以感受出口温度。当温度变化时，膜片上方的压力也随之变化，计量孔开启的程度也就发生相应的变化，从而达到调节制冷剂流量的目的。

汽车空调制冷系统用的感温式膨胀阀有两种形式，即内平衡式膨胀阀和外平衡式膨胀阀。所谓内平衡，就是在膨胀阀内由蒸发器入口管路处引入制冷剂的压力传到膜片；外平衡需要另接一个管路引入蒸发器制冷剂压力传到膜片。内平衡式膨胀阀结构紧凑，安装较方便，但加工较复杂，出现堵塞故障的机会较多（阀内蒸发器的制冷剂压力检测口直径较小、又处在制冷剂流动状态下）；外平衡式膨胀阀安装不如内平衡式方便（多了检测蒸发器制冷剂压力的管路），但故障相对较少。

H形膨胀阀是一种整体型膨胀阀，如图 1-34（c）所示。它取消了外平衡式膨胀阀的外平衡管和感温包，直接与蒸发器进出口相连，H形膨胀阀因其内部通路形同 H 而得名。这种膨胀阀安装在蒸发器的进出管之间，阀上端直接暴露在蒸发器出口制冷剂中，感应温度不受环境影响，也不需要通过毛细管而造成时间滞后，提高了调节灵敏度。由于该膨胀阀无感温包、毛细管和外平衡接管，可免除因汽车颠簸、震动使充注系统断裂外漏以及感温包包扎松动，而影响膨胀阀的正常工作，提高了膨胀阀的抗震性能。膨胀阀利用安装在压缩机吸气口处的内置式感温包，像标准内、外平衡式膨胀阀一样，感受制冷剂温度。H阀的工作原理和功能与内、外平衡式膨胀阀基本相同。

1.2.2.5.2 孔管节流装置

孔管节流装置就是瓶颈口。它阻碍流通，从而将制冷剂回路分为高压和低压两个部分。在孔管节流装置之前，高压下的制冷剂温度高。在孔管节流装置之后，低压下的制冷剂温度低。在节孔管节流装置之前，有一滤网用来挡住脏物；在孔管节流装置之后也有一个网，使制冷剂在进入蒸发器之前先分散。如图 1-35 所示为膨胀节流管，它是一种固定孔管的节流装置。和膨胀阀一样，孔管也装在系统高压侧，但是取消了储液干燥器，因为孔管直接连通冷凝器出口和蒸发器进口。孔管不能改变制冷剂流量，液态制冷剂有可能流出蒸发器出口，因此，装有孔管的系统，必须在蒸发器出口和压缩机进口之间，安装一个集液器，实行气液分离，以防液态制冷剂冲击压缩机。

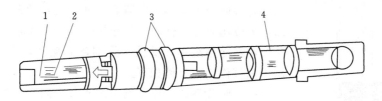

图 1-35　膨胀节流管
1—出口滤网；2—孔口；3—密封圈；4—进口滤网

孔管是一种毛细管阻碍器，对液态制冷剂节流进而成气态，膨胀节流管置于冷凝器出口和蒸发器进口间的液管上，其作用是将高压液态制冷剂节流成低压液体后进入蒸发器。

孔管在系统中对进入蒸发器的制冷剂量进行节流，制冷剂的流量与孔管的尺寸、制冷剂的类型和温度、孔管的进出口的压差有关。孔管内节流管尺寸有 1.19～1.83mm 等各种规格，孔管尺寸选取以应用场合而定。

孔管进出口的网状过滤器保护节流管，避免堵塞，若出现堵塞，系统可能完全不起作用。中、低档汽车空调系统多采用孔管，并施行循环离合器（运行中控制电磁线圈的通断电，以实现控温）控制，装有孔管的制冷系统成本低、节约燃油。

孔管是一根细钢管，它装在一根塑料套管内，在塑料套管外环形槽内，装有密封圈。有的还有两个外环形槽，每个槽各装一个密封圈。把塑料套管连同孔管都插入蒸发器进口管中，密封圈起到密封塑料套管外径和蒸发器进口管内径间的配合间隙；系统内的污染物若集聚在密封圈后，则会使堵塞情况恶化，严重时还会堵塞孔管及其滤网。如需维护，只能清理滤网。孔管内孔出现了积垢，不能清理，应更换整个孔管。

膨胀阀与孔管在制冷系统中的作用有相似（节流）的地方，也由不同的地方（膨胀阀可调节控制制冷剂流量进而控制调节制冷量，孔管对流量、温度不能直接调节控制）；孔管结构简单、成本低，现广泛应用于我国汽车制冷系统中。装有膨胀阀和装有孔管的制冷系统还有以下不同点。

（1）安装膨胀阀的系统在节流装置前和冷凝器的出口之间一般配备储液干燥器。

（2）安装孔管的系统在节流装置后（蒸发器出口处）和压缩机吸气管上一般配备集液器。

（3）安装孔管的系统的温控方式是"循环离合器"（系统运行中，需要制冷量大时，电磁离合器通电时间长、断电时间短，需要制冷量少时，电磁离合器通电时间短、断电时间长）。

（4）安装孔管的系统的压缩机（非循环离合器）一般是变排量的压缩机，通过真空装置改变压缩机的排量进行制冷量调节控制。

（5）储液干燥器和集液器一般不同时配备于一个系统中，只有少数高档车同时配备两个筒形装置——储液干燥器和集液器。

1.2.2.5.3 储液干燥器

储液干燥器串联在冷凝器与膨胀阀之间的管路上，使从冷凝器中来的高压制冷剂液体经过滤、干燥后流向膨胀阀。结构主要由过滤器、干燥剂、视液镜等组成，如图1-36所示。有些储液干燥器上还装有高低压组合开关，在异常高温、高压下或压力异常低时，停止压缩机工作，保护系统。

在制冷系统中，储液干燥器起到储液、干燥和过滤液态制冷剂等作用，具体如下：

（1）吸收系统中制冷剂中的水分。制冷剂溶水能力很差，若系统内有水分，易在膨胀阀处形成冰结晶，阻止制冷剂的流动。系统中的水分还会与制冷剂起化学作用，形成腐蚀性强的盐酸，损坏系统中的钢制零件。

（2）储存制冷剂。储存液化后的高压液态制冷剂，随时向循环系统提供所需要的制冷剂，同时补偿系统的微量渗漏。制冷系统中进行循环的制冷剂数量随着热负荷的变化而变化。

（3）过滤制冷剂。储液干燥器中的过滤装置随时清除系

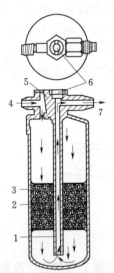

图1-36 储液干燥器
1—引出管；2—干燥剂；3—过滤器；4—进口；5—易熔塞；6—视液镜；7—出口

统中的杂质、污物，防止其进入制冷剂中而堵塞膨胀阀。

（4）视液镜观察制冷剂的流动情况。若出现气泡或者泡沫，说明系统工作不正常或者制冷剂不足。

此外，储液干燥器的安装需要注意：

（1）干燥瓶要直立安装，倾斜度不能大于15°。

（2）安装空调系统时，干燥瓶必须装在最后。

（3）不同制冷剂所装干燥瓶不一样，不能混用。

1.2.2.5.4 集液器

集液器（又称吸气集液器）装在蒸发器出口和压缩机进口之间，顾名思义它是保证压缩机"吸气"冲程中，吸入的制冷剂只能是气态而不是液态的。

集液器能够捕获从蒸发器（未蒸发成气态）流出的液态制冷剂，防止它们进入压缩机，液态制冷剂进入压缩机会引起严重的损害（液态制冷剂不可压缩，否则会形成过压甚至爆裂）。

集液器的另一重要功能是干燥，其内部装有干燥剂，干燥剂是一种化学物质，它能收集、吸收因不恰当检修过程而进入系统的水气。干燥剂不能单独更换，若有情况表明干燥剂失效，必须更换集液器整体。系统使用的制冷剂 R-12 或 R-134a 集液器的干燥剂可能不相容。为确保系统的相容性，集液器必须注明应用（与制冷剂型号相对应）场合。集液器内有一滤网，此滤网可防止可能落入系统内的碎屑进入循环。

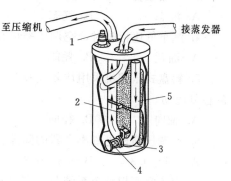

图 1-37 集液器
1—测试孔口；2—干燥剂；3—滤网；
4—泄油孔；5—出气管

如图 1-37 所示，离开蒸发器的制冷剂首先进入集液器，在这里任何液滴（比蒸气重）会落到容器的底部，一个 U 形液气管保证只有制冷剂蒸气方能离开集液器而进入压缩机入口。U 形管弯曲的底部还有一个节流管，若仍然有少量的液态制冷剂进入吸气管，这个节流管经校准后则能确保液态制冷剂经节流后在它进入压缩机前会蒸发为气体，这个节流管也能让少量的制冷机油返回到压缩机。集液器用于有膨胀节流管作节流装置的系统中。

1.3 习　题

1.3.1 简答题

1. 空调压缩机的作用和工作原理是什么？

2. 膨胀阀的作用和工作原理是什么？

1.3.2 能力训练题

1. 绘画空调制冷系统的工作循环示意图，并叙述空调系统的各组成部件及其工作原理。

2. 在实车上找出空调系统的各组成部件，并口述空调系统的工作原理。

3. 检查维修压缩机的泄露故障。

1.3.3 选择题

1. 制冷压缩机主要是对制冷剂进行（　　　）、压缩和循环。

A. 吸引　　　　　B. 抽吸　　　　　C. 抽取

2. 制冷压缩机主要是吸入低温（　　）的制冷剂蒸气。

A. 高压　　　　　B. 中压　　　　　C. 低压

3. 压缩机将压缩后的高温，高压（　　）制冷剂排出，送到冷凝器向外放热。

A. 液态　　　　　B. 气态　　　　　C. 固态

4. 汽车低速行驶时，空调压缩机有较强的制冷能力，高速行驶时，要求低（　　　）。

A. 油耗　　　　　B. 耗能　　　　　C. 损耗

5. 斜盘式压缩机采用往复式双头活塞，依靠斜盘旋转运动，使双头活塞获得（　　　）的往复运动。

A. 轴向　　　　　B. 径向　　　　　C. 转向

6. 空调压缩机电磁离合器的间隙一般为（　　　）mm。

A. 0.1～0.3　　　B. 0.3～0.8　　　C. 0.5～1.0　　　D. 1.0～1.5

7. 汽车空调把整个系统分为高压和低压两个部分，制冷剂在制冷系统中进行制冷循环，每一循环可分为 4 个工作过程，这 4 个工作过程的工作顺序是（　　　）。

A. 压缩、冷凝、膨胀、蒸发　　　　B. 压缩、膨胀、蒸发、冷凝

C. 蒸发、冷凝、压缩、膨胀　　　　D. 蒸发、压缩、膨胀、冷凝

8. 汽车空调维护时，以下哪种操作不规范？（　　　）

A. 戴防护眼镜　　　　　　　　　　B. 在通风处

C. 雨天作业　　　　　　　　　　　D. 用冷水冲洗被制冷剂溅到的皮肤

9. 制冷剂储罐的存放温度不应超过（　　　）℃。

A. 40　　　　　　B. 50　　　　　　C. 60　　　　　　D. 70

10. 技师甲说，液态制冷剂溅入眼睛会造成冻伤，应立即用水清洗，并及时就医；技师乙说，制冷剂处于气态时是无害的。谁说的正确？（　　　）

A. 甲正确　　　　B. 乙正确　　　　C. 两人都正确　　　D. 两人都不正确

11. 以下对安全事项的解释，哪些是不正确的？（　　　）

A. 打开制冷系统时要戴防风眼镜与防护手套

B. 在通风良好的环境中进行制冷剂相关作业，避免吸入制冷剂蒸气

C. 在进行加压检漏时应使用指定的气体，例如氢气或氧气

D. 即使在发动机关闭的情况下，电动冷却风扇也有可能运转，因此不可随意触及电动冷却风扇

12. 若有液态制冷剂溅入人的眼睛，则应立即采取的安全措施是（　　　）。

A. 立即召集有关人员开现场会说明意外事故确实会发生

B. 保持受伤者情绪稳定并使其确信事故不严重

C. 批评受伤者太不小心

D. 立即将大量的冷水清洗受伤者的眼睛

1.4 拓 展 阅 读

1.4.1 汽车空调制冷技术基本术语

1. 温度

温度是物体冷暖程度的标志。温度越高，物体就越热。常用的温度表示单位是摄氏度，用符号℃表示。温度还可以用华氏度表示，它的符号是℉。

2. 湿度

湿度用来表示空气的干湿程度。1m³ 湿空气中所含水蒸气的重量，叫空气的绝对湿度。相对湿度就是湿空气中实际所含的水蒸气量与同温度下饱和湿空气所含的水蒸气量的比值。

3. 压力与真空度

压力就是固体、液体或气体垂直作用于物体表面上的力。在实际应用中是以作用于物体单位面积上的力来表示的，即压强，常用 P 表示，其单位为帕斯卡，简称帕（Pa）。表示压力常用的方式有绝对压力、表压力和真空度。

（1）绝对压力。表示实际的压力值，是把完全真空状态作为零值。

（2）表压力。通过压力表指示读出的压力值，称为表压力值。它是将标准大气压作为零值，在此基础上进行压力计量的结果。

（3）真空度。低于大气压力的数值称为真空度。

4. 汽化与冷凝

（1）汽化。物质由液态变为气态的过程称为汽化。1kg 液体转变为气体需要的热量（单位为 J 或 kJ），叫做该物质的汽化热。汽化过程有两种形式，即蒸发和沸腾。

在空调制冷系统中，主要是利用制冷剂在蒸发器内的低压下，不断吸收周围空气的热量进行汽化的过程来制冷的。这种过程通常是在蒸发器中以沸腾的方式进行，但习惯上称它为蒸发过程，并把沸腾时的温度称为蒸发温度，沸腾时所保持的压力称为蒸发压力。

（2）冷凝。是指气态物质经过冷却（通过空气或水等热交换方式）使其转变为液体的过程。冷凝过程一般为放热过程。在汽车空调制冷系统中，制冷剂在冷凝器中由气态凝结为液态的过程就是一个冷凝过程，同时放出热量，放出的热量由冷却空气带走。

5. 饱和温度和饱和压力

处于液体和蒸气共存状态的制冷剂蒸气叫饱和蒸气。饱和蒸气的温度叫做饱和温度；饱和蒸气的压力叫做饱和压力。

6. 热量与热容

（1）热量。有热出入，温度就有变化，温度变化的大小和出入的热量成比例，这种热的量叫做热量。热量的单位为焦耳（J）。

（2）热容。把单位质量的物质的温度升高 1K 所需要的热量称为热容。热容大的物体有不易热和不易冷的性质。热容的单位为 J/K。

7. 显热与潜热

在液体未达到蒸发温度之前，所加的热能使温度上升，这种热能感觉出来，称之为显热，能用温度计测出。当温度达到蒸发温度以后，继续加的热，用于使液体变成气体，这种热叫做潜热，不能用温度计测出来。

8. 节流

在流体通路中，通道截面积突然缩小，流体压力便下降，如果此时产生气体，则总体积还要增大。这种变化只是状态的变化，与外界没有热和功的交换，因此流体的热量不变。这种状态变化称为节流。在空调制冷系统中，制冷剂在膨胀阀中的状态变化就是节流过程。

1.4.2 变排量空调压缩机

所谓的变排量压缩机，结构是基于传统的斜盘式或摇板式压缩机，传统的斜盘式或摇板式压缩机中，斜盘或摇板的偏转角度是固定不变的，即活塞的最大行程是固定的。而升级为可变排量压缩机后，即可调节斜盘或摇板的角度，从而调节活塞的最大行程，改变压缩机的排气量。

与传统的定量空调相比，变排量空调有如下的优点：①排气压力和工作转矩的波动减小，避免了对发动机的冲击；②保持了温度的稳定性；③保持了蒸发器低压的稳定性，而且蒸发器不会结霜；④提高了压缩机的使用寿命；⑤减少了功率消耗。

轿车空调用变排量压缩机按照结构形式可分为摇板式、斜盘式、滚动活塞式、螺杆式、旋片式、涡旋式等机型，其中斜盘式变排量压缩机目前应用最多。变排量压缩机变排量的控制方式有两种：一种是机械式可变排量（日产、大宇、大众、别克），即在压缩机内部有调节阀，依据空调的管路压力自适应地改变压缩机的排量；另一种是电控可变排量（新奔驰、宝马、POLO），在原机械调节阀的基础上增加了一个电磁调节阀，空调控制单元从蒸发器出风温度传感器获得信号，对压缩机的功率进行无级调节。

1. 机械式控制可变排量压缩机

与普通摆盘式压缩机相比，变容量摆盘式压缩机最大的改进是在后端盖上装了一个波纹管控制器和导向器。波纹管放在吸气腔内，受蒸气气压控制，通过波纹管的动作来控制排气腔和摆盘室、吸气腔和摆盘室之间的阀门通道。导向器根据摆盘室内压力的大小，自动调节摆盘倾斜角度的大小。摆盘倾角越大，活塞行程越长，排出的气体亦越多；反之，摆盘倾角越小，活塞行程越短，排气量亦越少。角度小时制冷量少，耗能亦少。

如 V5 变排量压缩机，V5 变排量压缩机由一个可变角度的摇板和 5 个轴向定位的气缸组成。压缩机容积控制中心是一个波纹管式操纵控制阀，装在压缩机的后端，可检测压缩机吸气腔的压力，锥阀控制摇板箱与吸气腔（波纹管室）之间的通道，球阀控制排气腔与摇板箱之间的通道，排量的改变依靠摇板箱压力的改变来实现。摇板箱压力降低，作用在活塞上的反作用力就使摇板倾斜一定角度，这就增加了活塞行程（即增加了压缩机排量）；反之，摇板箱压力增加，就增加了作用在活塞背面的作用力，使摇板往回移动，减少了倾角，即减小了活塞行程（也就减少了压缩机排量）排气压力影响控制阀的控制点的变化，排气压力升高，控制点降低。当空调容量要求大时，吸气压力将高于控制点，控制阀的锥阀打开并保持从摇板箱吸入气体至吸气腔，如果没有摇板箱—吸气腔间压力差，压缩机将有最大的容积。通常压缩机的排气压力比曲轴箱的压力大得多，曲轴压力高于或等于压缩机的吸气压力。在最大排量时，摇板箱的压力才等于吸气压力，在其他情况下，摇板箱的压力大于吸气压力。

当空调容量要求小时，吸气压力达到控制点，控制阀打开球阀将排气腔的气体引至摇板箱，并通过锥阀关闭从摇板箱到吸气腔的强制通风的通道。

摇板的角度由5个活塞的平衡力来控制，摇板箱—吸气腔间压力差的微小提高将会产生一个力，引起摇板轴向的运动，从而减小摇板的角度，压力差越大摇板的角度越小，排量越小。

V5变排量压缩机根据空调系统蒸发器压力的变化改变空调系统的制冷量，改变了传统压缩机通过离合器启闭的调节方式，实现了系统平稳连续运行，避免了对发动机的冲击。该空调系统仍保留了电磁离合器，但该离合器的作用与传统压缩机有本质的不同。离合器在如下情况起作用：①在汽车空调系统停止使用时，离合器脱离可以使压缩机停止运转；②车辆在超速挡运行时，离合器脱离可以使压缩机停止运转。

2. 电控可变排量压缩机技术

随着汽车技术的发展，汽车空调制冷压缩机已经由最初纯机械压缩机外部控制，发展到机械可变排量内部控制，再到目前的电控可变排量压缩机技术。电控可变排量压缩机适应性更广，只要更改控制程序便可适应多种车型，并可实现排量从无到有的无级调节，更加节油且无冲击。目前该项技术在国内车型上应用得越来越多，下面针对电控可变排量压缩机的原理以及故障排除方式进行简单介绍。

电控可变排量压缩机结构和工作原理与机械变排量压缩机都是相似的，不同之处在于电控可变排量压缩机的调节阀具有一电磁单元，如图1-38所示。操纵和显示单元从蒸发器出风温度传感器获得信号作为输入信息，从而对压缩机的功率进行无级调节，控制阀由机械元件和电磁单元组成。机械元件按照低压侧的压力关系借助一个位于控制阀低压区的压力敏感元件来控制调节过程。电磁单元由操纵和显示单元通过500Hz的通断频率进行控制。

图1-38 电控可变排量压缩机

电控可变排量压缩机在无电流的状态下，调节阀阀门开启，压缩机的高压腔和压缩机曲轴箱相通，高压腔的压力和曲轴箱的压力达到平衡。满负荷时，阀门关闭，曲轴箱和高压腔之间的通道被隔断，曲轴箱的压力下降，斜盘的倾斜角度加大直至排量达到100%；关掉空调或所需的制冷量较低时，阀门开启，曲轴箱和高压腔之间的通道被打开，斜盘的倾斜角度减小直至排量低于2%。当系统的低压较高时，真空膜盒被压缩，阀门挺杆被松开，继续向下移动，使得高压腔和曲轴箱被进一步隔离，从而使压缩机达到100%的排量。当系统的吸气压力特别低时，压力元件被释放，使挺杆的调节行程受到限制，这就意味着高压腔和曲轴箱不再被完全隔断，从而使压缩机的排量变小。

项目2 汽车空调制冷系统的维护

教 学 准 备			
序号	名称		内　容
1	学习目标	知识目标	(1) 了解汽车空调系统制冷剂、冷冻油的知识及其工作过程； (2) 掌握汽车空调系统抽真空以及制冷剂的回收、充注的步骤和注意事项； (3) 掌握汽车空调系统正常工作时高低压端的压力
		技能目标	(1) 会使用歧管压力表、专用制冷剂回收设备等空调检测设备； (2) 会操作检测设备进行回收制冷剂、系统抽真空和充注制冷剂技能； (3) 能使用压力表组对空调系统进行压力检查； (4) 能根据压力值判断出空调系统的常见故障并能进行维修。
2	教学设计		在课堂上讲述制冷剂、冷冻油等相关知识，在实训室现场演示操作设备，然后将学生分成若干组进行实训操作，最后考核每个学生操作
3	教学设备		桑塔纳手动空调实训台两台，桑塔纳2000型一辆，别克君威一辆，大众朗逸两辆，上海大众POLO两辆，压力表、真空泵、制冷剂、温度表等常用工具

2.1　实　操　指　导

实操目的：①学会使用歧管压力表、专用制冷剂回收设备等空调检测设备；②学会用检测设备进行回收制冷剂、系统抽真空和充注制冷剂技能；③会使用压力表组对空调系统进行压力检查；④能根据测出的空调系统压力值初步判断出空调系统的常见故障并能进行故障排除。

实操过程：检查汽车空调系统正常运行时高低压端的压力值；回收系统制冷剂，对系统进行抽真空，如系统无泄漏，加注冷冻油再抽真空，最后对系统进行制冷剂充注；如系统有泄漏，则进行检漏并维修好泄露部位继续抽真空，加冷冻油，最后加制冷剂，直到压力表组读数达到规定压力值。

2.1.1　制冷剂的回收

2.1.1.1　制冷剂的回收

使用"制冷剂回收/再生/充注机"专用设备（图2-1）对空调系统制冷剂进行回收，具体步骤如下：

（1）关闭设备的高低压手动阀，分别将设备的高、低压端压力表组与空调系统的高、低压端维修阀连接（图2-2）。

（2）打开设备的高、低压阀门（如系统只有单个接口时，只打开其中之一）。

图 2-1　制冷剂作业
专用设备

图 2-2　压力表组与空调系统的高、
低压端维修阀的连接

（3）按下选择功能键，选择对应的"回收"菜单，再按启动（START）键进行制冷剂回收。

（4）回收过程完成时，自动切换到"排油"过程，"排油"指示灯闪亮，设备自动排放从系统中回收的废油。

2.1.1.2　回收注意事项

在回收过程中以下几点必须予以特别注意：

（1）回收气罐应当只用于盛装回收的制冷剂。不要将不同的制冷剂在回收机或回收气罐中混合。因为这样的混合物无法再循环、再利用。

（2）在向回收气罐排入制冷剂的同时，应注意回收气罐的重量。因为过量充入制冷剂是很危险的，充入气罐的制冷剂不要超过回收气罐的容许灌入量。在回收气罐上标明是何种制冷剂。

（3）为了防止回收气罐内压力过大，在压缩机的排出口必须装有高压开关，或在回收气罐上安装压力表来控制压力。

2.1.2　系统抽真空

在对制冷系统充注制冷剂之前，系统不能存在空气，因而在加注制冷剂之前请务必进行抽真空的操作。抽真空的目的既可以排除制冷系统内残留的空气和水分，同时又可以进一步检查系统的密闭性，为向系统内充注制冷剂做好准备。系统抽真空的具体操作过程如下。

2.1.2.1　使用制冷剂回收/再生/充注机专用设备进行抽真空

（1）在完成回收过程后，设备会自动进入抽真空过程，也可以手动选择系统抽真空。

（2）设定时间（可设 30min）开始抽真空，显示屏会显示抽真空的剩余时间。

（3）当运行到显示器的读数为 00.00 时，真空泵自动停机，设备报警，1min 后报警停止，抽真空完毕。

（4）关闭设备高、低压阀门，读出面板上高、低压压力表的真空值。等待大约 2min，检查此期间高、低压压力表的真空值不应回升。如果真空值有回升，说明系统有泄漏现象或外部连接有泄漏现象，确定泄漏部位并排除之。

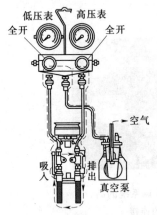

图 2-3 空调系统抽真空

（5）再重新启动抽真空操作直至系统完全抽空（无泄漏）。

2.1.2.2 利用歧管压力表和真空泵对系统抽真空（图 2-3）

（1）将歧管压力表上的两高、低压软管分别与空调系统的高、低压管的维修阀相接，中间管与真空泵连接。

（2）打开歧管压力表上的高、低压手动阀，启动真空泵，并观察两个压力表，系统真空度读数应大于 100kPa。

（3）关闭歧管压力表上的高、低压手动阀，观察压力表指示压力是否回升。若回升，则表示系统泄漏，此时应进行检漏和修补。若压力表针保持不动，则打开高、低压手动阀，启动真空泵继续抽真空 15～30min，使其真空压力表指针稳定。

（4）关闭歧管压力表上的高、低压手动阀。

（5）关闭真空管泵。应先关闭高、低压手动阀，然后关闭真空泵，以防止空气进入制冷系统。

2.1.2.3 注意事项

（1）抽真空时必须将高压和低压侧的管接头与空调系统相连，如果只有一侧管接头与空调系统相连，空调系统会通过其他管接头与大气相通，使空调系统不能保持真空。

（2）空调系统抽真空后必须立即关闭歧管压力表手阀，然后停止真空泵工作。如果这个顺序被颠倒，空调系统将会暂时与大气相通。

（3）空调系统有压力时，不能抽真空。

2.1.3 冷冻油充注

汽车空调制冷系统通常不需加注冷冻润滑油，但在更换制冷系统部件及发现系统有严重泄漏时，必须补充冷冻润滑油。其补充冷冻润滑油的方法有以下几种：

（1）利用压缩机本身的抽吸作用，将冷冻油从低压阀处吸入，这时发动机一定要保持低速运转。

（2）直接加注法。把所需的冷冻油直接加注到制冷系统各元件上，再把制冷系统各元件装在车上。

（3）随制冷剂加注法。把所需的冷冻油加注到歧管压力表的中间软管中，再把制冷剂罐接在此软管上，然后按加注制冷剂的方法操作即可。

（4）利用抽真空加注冷冻润滑油。冷冻润滑油在抽真空时充入（图 2-4），具体步骤如下：

1）将歧管压力表接至空调系统，将空调系统抽真空至 92kPa。

2）将规定数量的压缩机油倒入油杯中，并将中央软管放入杯中。如使用专用设备时，直接按下注油按钮即可。

3）打开高压侧手阀，压缩机油从油杯中被吸入空调系统，油杯中油一干，应立即关闭高压侧手阀，以免吸入空气。

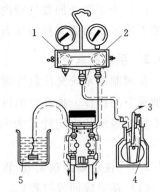

图 2-4 抽真空法加注冷冻润滑油
1—手动低压阀关闭；2—手动高压阀开启；3—排出空气；4—真空泵；5—冷冻润滑油

4）按抽真空法加注冷冻润滑油后，还应继续对制冷系统抽真空、加注制冷剂。

2.1.4 制冷剂的充注

当制冷系统抽真空达到要求，且检漏确定制冷系统不存在泄漏部位后，即可向指令系统加注制冷剂。在加注前，先确定注入制冷剂的数量。加注过多或过少，都会影响汽车空调的制冷效果。压缩机的铭牌上一般都标有所用的制冷剂的种类及其加注量。

充注制冷剂时可采用高压端充注或低压端充注。

1. 高压端充注制冷剂

高压端充注是指从压缩机排气阀（高压阀）的旁通孔（多用通道）充注，充入的是制冷剂液体（图2-5）。其特点是安全、快速，适用于制冷系统的第一次充注，即经检漏、抽真空后的系统充注。但用该方法时必须注意，充注时不可开启压缩机（发动机停转），且制冷剂罐要求倒立。具体操作方法如下：

（1）当系统抽真空后，关闭歧管压力表上的手动高、低压阀。

（2）将中间软管的一端与制冷剂罐注入阀的接头连接，打开制冷剂罐开启阀，再拧开歧管压力表软管一端的螺母，让气体溢出几分钟，然后拧紧螺母。

（3）拧开高压侧手动阀至全开位置，将制冷剂罐倒立。

（4）从高压侧注入规定量的液态制冷剂。关闭制冷剂罐注入阀及歧管压力表上的手动高压阀，然后卸下仪表。从高压侧向系统充注制冷剂时，发动机处于非工作状态（压缩机停转），不要拧开歧管压力表上的手动低压阀，以防产生液压冲击。

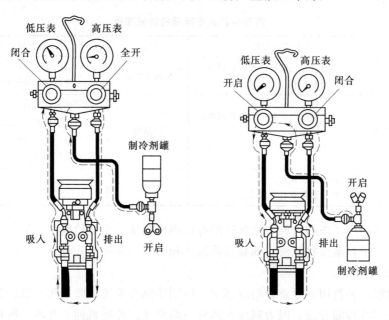

图2-5 高压端充注　　　　　图2-6 低压端充注

2. 低压端充注制冷剂

低压端充注是指是从压缩机吸气阀（低压阀）的旁通孔（多用通道）充注，充入的是制冷剂气体（图2-6），其特点是加注速度慢，可在系统补充制冷剂的情况下使用。具体操作方法如下：

（1）将歧管压力表与压缩机和制冷剂罐连接好。

（2）打开制冷剂罐，拧松中间注入软管在歧管压力表上的螺母，直到听见有制冷剂蒸气流动声，然后拧紧螺母，从而排出注入软管中的空气。

（3）打开手动低压阀，让制冷剂进入制冷系统。当系统压力达到 0.4MPa 时，关闭手动低压阀。

（4）启动发动机，接通空调开关，并将鼓风机开关和温控开关都调至最大。

（5）再打开歧管压力表上的手动阀，让制冷剂继续进入制冷系统，直至充注剂量达到规定值。

（6）向系统中充注规定量制冷剂后，观察视液窗，确认系统内无气泡、无过量制冷剂。随后将发动机转速调至 2000r/min，将鼓风机风量开到最高挡，若气温为 30～35℃，则系统内低压侧压力应为 0.147～0.192MPa，高压侧压力应为 1.37～1.67MPa。

（7）充注完毕后，关闭歧管压力表上的手动低压阀，关闭装在制冷剂罐上的注入阀，使发动机停止运转，从压缩机上卸下歧管压力计，动作要迅速，以免过多的制冷剂泄出。

2.1.5 制冷系统的检测

2.1.5.1 制冷系统的检漏

汽车空调系统工作条件比较恶劣，其制冷系统一直随汽车在振动的工况之下工作，极易造成部件、管道损坏和接头松动，使制冷剂发生泄漏，其泄漏的常发部位见表 2-1。

表 2-1　　　　　　　　　　　汽车空调系统泄漏的常发部位

部件	泄漏常发部位	部件	泄漏常发部位
冷凝器	（1）冷凝器进气管和出液管连接处； （2）冷凝器盘管	储液干燥器	（1）易熔塞； （2）管道接口喇叭口处
蒸发器	（1）蒸发器进气管和出口管连接处； （2）蒸发器盘管； （3）膨胀阀	压缩机	（1）压缩机油封； （2）压缩机吸排气阀处； （3）前后盖密封处； （4）制冷剂管道接头处
制冷剂管道	（1）高、低压软管； （2）高、低压软管各接头处		

汽车空调制冷系统的检漏方法常用的有目测检漏法、皂泡检漏法、染料检漏法、检漏灯检漏法、电子检漏仪检漏法、抽真空检漏法和加压检漏法等几种。

1. 目测检漏

目测检漏法是指用肉眼查看制冷系统（特别是制冷系统的管接头）部位是否有润滑油渗漏痕迹的一种检漏方法。因为制冷剂通常与润滑油（冷冻机油）互溶，所以在泄漏处必然也带出润滑油，因此，制冷系统管道有油迹的部位就是泄漏处。

2. 皂泡检漏（肥皂水检漏）

皂泡检漏是指在检漏时，对施加了压力的制冷系统，用毛刷或棉纱蘸肥皂水涂抹在被检查部位，查看被检查部位是否有气泡产生的一种检漏方法。若被检查的部位有气泡产生，则说明这个部位是泄漏处（点），如图 2 - 7 所示。肥皂水检漏法简便易行，而且很有效，但操作比较麻烦，维修工采用此法检漏时，要求一定要细致、认真。

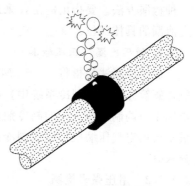

图 2 - 7　皂泡检漏

3. 染料检漏（着色检漏）

确定冷漏点或压力漏点，把黄色或红色的颜料溶液引入空调系统，是个理想的方法。染料能确定漏点的准确位置，因为漏点周围有红色和黄色两种染料积存，并且不会影响系统的正常运行。

有的制冷剂中含有染料，如杜邦公司生产的加有红色染料的制冷剂 R - 12，其注入空调系统方法和注入 R - 12 完全一样。下面介绍加注染料进入系统的方法：

（1）准备工作。将表座接入系统，放掉系统的制冷剂；拆下表座的中间软管，换接一根 152mm 长的两端带坡口螺母的铜管，铜管的另一端和染料容器相接；中间软管的一端也接在染料容器上，而另一端则和制冷剂罐接通。

（2）染料进入系统。启动发动机，按怠速运转，调整有关控制器至最凉位置；缓慢地打开低压侧手阀，使染料进入系统。注制冷剂入系统，至少应达到名义容量的一半，发动机连续运行 15min；关闭发动机和空调器。

（3）观察系统。观察软管和接头是否有染料溶液泄漏迹象。如发现漏点，则按要求进行修理，染料可以保留在系统内，对系统无害。

4. 检漏灯检漏

检漏灯（卤素灯）检漏是指在检漏时，利用卤素与吸入的制冷剂燃烧后产生的不同颜色火焰进行检漏的一种方法。

5. 电子检漏仪检漏

检查时，应当遵照电子检漏仪制造厂家的有关规定进行操作。一般按下列步骤进行：

（1）转动控制器或敏感性旋钮至断开（OFF）或 0 位置。

（2）电子检漏仪接入规定电压的电源，接通开关。如果不是电池供电，应有 5min 的升温期。

（3）升温期结束后，放置探头于参考漏点处，调整控制器和敏感性旋钮至检漏仪有所反应为止。移动探头，反应应当停止，如果继续反应，则是敏感性调整得过高，如果停止反应，则是调整合适。

（4）移动寻漏软管，依次放在各接头下侧，还要检查全部密封件和控制装置。

（5）断开和系统连接的真空软管，检查真空软管接头处有无制冷剂蒸气。

（6）如发生漏点，检漏仪就会出现像放置在参考漏点处的反应状况。

（7）探头和制冷剂的接触时间不应过长，也不要把制冷剂气流或严重泄漏的地方对准探头，否则会损坏探测仪的敏感元件。

6. 抽真空检漏（负压检漏）

抽真空检漏，指通过做气密性试验法进行检漏，是对制冷系统抽真空以后，保持一段时间（至少 60min），观察系统中的真空压力表指针是否移动（即指针是否发生变化）的一种检漏方法。要指出的是，采用这种方法检漏，只能说明制冷系统是否泄漏，而不能确定泄漏的具体部位。

7. 加压检漏（正压检漏）

加压检漏法是指将 1.5～2MPa 压力的氮气、二氧化碳或混有少量制冷剂的氮气、二氧化碳等介质加入制冷系统中，再用肥皂水或卤素检漏灯进行检漏的一种方法。这种方法常用于空调制冷系统中的制冷剂全部漏光时的检漏。要注意的是，在高压条件下操作时尽量不要用空气压缩机加压或制冷系统本身的压缩机加压，因为这样会使制冷系统带入一部分水分。

2.1.5.2　用压强表检测

1. 表座接入空调系统

（1）把表座软管接在压缩机上。首先把表座上的低压侧软管接在压缩机的吸气侧；再把表座上的高压侧软管接在压缩机排气侧，接头处用手拧紧。应注意的是表座上手阀必须关严，然后才能进行下一步作业。

（2）排除软管内的空气。顺时针转动低压侧维修阀阀杆 2～3 圈，再顺时针转动高压侧维修阀阀杆 2～3 圈；微开低压侧手阀数秒钟，排除低压侧软管内的空气，关闭此阀；同样微开高压侧手阀数秒钟，排除高压侧软管内的空气。

（3）作业前的准备工作。启动汽车，使发动机转速至 1250r/min；开动空调器，将有关控制器调至最凉位置（风机亦应在最高速）；按需要使发动机温度正常（约运行 5～10min）后，进行检测和维修作业。

以上操作适用于装维修阀的空调系统。如果装的是气门阀，表座软管端应装有压销，要是没有，则应选配适当接头，操作顺序相同。

2. 检测

利用压力表组检测空调系统的压力，并根据表组读取空调系统高、低压端的压力值，结合其他的故障现象分析判断空调系统的故障原因，然后排除故障，见表 2-2。

表 2-2　　　　　　　　　　　　制冷系统压力检测

故障现象	可能的原因	故障排除
（1）高、低压侧的压力都偏低； （2）视液窗出现连续的气泡； （3）制冷效能不足	（1）制冷剂不足； （2）制冷系统内某些地方发生气体渗漏	（1）用渗漏检测器检查，如有必要修复； （2）充入适量制冷剂； （3）接上压力表组，若压力为 0，检修渗漏处，并将系统抽真空
（1）高、低压侧压力都太高； （2）即使发动机转数降低，通过液窗也见不到气泡； （3）制冷不足	（1）系统中制冷剂过量，不能充分发挥制冷效能； （2）冷凝器散热不良，冷凝器散热片阻塞或风扇电动机故障	（1）清洁冷凝器； （2）检查风扇电动机的运转情况； （3）检查制冷剂数量，调整适量的制冷剂
（1）低压侧压力过高； （2）高压侧压力过低； （3）无冷气	（1）压缩机内部密封不良； （2）皮带打滑； （3）电磁离合器故障	（1）修理或更换压缩机； （2）调整皮带松紧或者更换； （3）检测电磁线圈电阻

故障现象	可能的原因	故障排除
（1）低压侧指示真空，高压侧指示压力太低； （2）膨胀阀或储液干燥器前后的管子上有露水或结霜； （3）不制冷或间歇制冷	（1）系统有水分或污物阻塞制冷剂的流动； （2）膨胀阀热传感管气体渗漏	（1）检查膨胀阀热传感器和蒸发器； （2）用压缩空气清除膨胀阀内的污物，若不能清除则更换膨胀阀； （3）更换干燥器； （4）抽去空气并充适量制冷剂。若传感器渗漏，则更换膨胀阀
（1）低压侧压力偏高，高压侧压力正常； （2）低压侧的管路结霜或有大量的露水； （3）制冷不足	（1）膨胀阀故障； （2）热传感管安装不正确	（1）检查热传感管安装情况； （2）检查膨胀阀，若有故障更换
（1）工作期间，低压侧压力有时变成真空，有时正常； （2）间歇性制冷，最后不制冷	进入系统内的水分在膨胀管口结冰，阻塞制冷剂的循环，循环暂时停止，当冰融化后，系统又恢复到正常状态	（1）更换储液干燥器； （2）通过反复地抽出空气来清除系统中的水气； （3）注入适当数量新的制冷剂
（1）低压侧压力略高和高压侧压力过高； （2）感觉低压管路是热的； （3）在液窗中出现气泡； （4）制冷不佳	（1）制冷系统中有空气； （2）抽真空不彻底	（1）检查压缩机油是否变脏或不足； （2）排出空气并充入新的制冷剂

2.2 相 关 知 识

2.2.1 汽车空调检修的仪器和设备

汽车空调制冷系统的检测维护除需要汽车维修的常用工具（电气焊设备、常用各种扳手、起子等）外，还需要一些专用设备，主要包括压力计量装置、制冷剂回收/再生/充注机、真空泵、制冷剂注入阀、维修阀、检漏设备、温度计、专用成套维修工具、连接管路、管接头等。

目前汽车空调使用的制冷剂有 R－12 和 R－134a 两种，虽然新生产的车型都全部使用 R－134a，但使用 R－12 的空调系统还会继续使用一段时间，这两种制冷剂及其冷冻机油在性质上有许多不同，不能互溶，因此这两种制冷系统的维修、检测、加注工具也不能混用，一定要分开专用。

汽车空调制冷系统的压力（包括高压和低压）是否正常，是系统工作状态是否正常的最基本判断依据。很多故障都在系统压力上有所反应，压力检测装置在系统维修过程中，就像医生的听诊器和血压表一样，是诊断系统内部故障的必不可少的工具之一，如果没有这个检测装置，则可能会无法检测维修。下面对压力检测装置的各部分分别加以介绍。

2.2.1.1 歧管压力表

压力检测装置中最常用的是歧管压力表，歧管压力表包括高压表头、低压表头、管接头、手动阀以及连通用维修软管等，使用及控制比较方便。当然，压力检测装置中也包括独立的高压表和低压表，下面介绍歧管压力表。

1. 歧管压力表的组成

歧管压力表通过检测制冷系统的压力，进而确定系统性能，歧管压力表是系统检测的

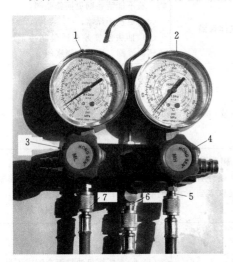

图 2-8 歧管压力表装置
1—低压表头；2—高压表头；3—低压手动阀；
4—高压手动阀；5—高压管接头；6—中间
管接头；7—低压管接头

必备装置。歧管压力表装置有两块仪表，一个表用来测系统低压侧（压缩机进口）的压力，另一个表用来测系统高压侧（压缩机出门）的压力，如图 2-8 所示，歧管压力表由低压表头、高压表头、低压手动阀、高压手动阀、高压管接头、中间管接头、低压管接头等组成。汽车制冷系统的维修应有两套仪表装置，一套用于检测 R-134a 制冷剂压力，另一套用于检测 R-12 制冷剂压力，这两套仪表不能混用。

（1）歧管和手动阀门。高、低压压力表通过歧管和两个高压软管与空调系统连接，歧管有专门的软管接头。两个手动阀门用于控制通断制冷剂与仪表之间、各相关歧管间的通路。一些歧管还有第三个阀门，用来连接真空泵或制冷剂软管；还有四个阀门的，它们是控制以下管路通断的：①低压侧维修软管；②高压侧维修软管；③真空泵维修软管；④制冷剂维修软管。

顺时针将手动阀门手柄转到头，高压（或低压）管路与高压（或低压）表头接通，歧管接头之间不通；逆时针将阀门手柄转到头，高压（或低压）管路与表头接通、歧管接头之间也相通。

（2）低压表头（蓝色）。低压表头用来指示、监测系统低压侧压力，也称为组合（刻度线有两条）压力表，可读出真空度和压力。组合压力表通过歧管和低压软管连接到空调系统的低压侧。

低压表头的真空度刻度为 -0.1~0kPa，压力刻度为 0~1.5MPa。使用时尽量避免接错管路。

（3）高压表头（红色）。高压表头指示系统高压侧压力。在正常情况下，高压侧压力很少超过 2.068MPa，为留有裕量和安全，高压表头的最大指示为 3.5MPa。高压表头虽然在 0 以下没有刻度，但抽真空时不会损坏。

（4）维修软管。制冷维修软管用于系统的维修阀和歧管压力表之间的连接，用于歧管压力表和制冷剂回收（以及抽真空）装置、制冷剂充注装置之间的连接，如图 2-9 所示。

（5）歧管压力表的连接。歧管压力表连接的具体操作步骤如下：

1）对汽车表面涂层加盖防护罩（防止制冷剂撒到车表面、防止碰刷伤表面）。

2）在系统中找到手动维修阀（一般在压缩机上）位置，从维修阀端口上取下保护盖。

3）将低（高）压侧歧管软管连接到系统低（高）压侧，并先用手拧紧。注意连接软

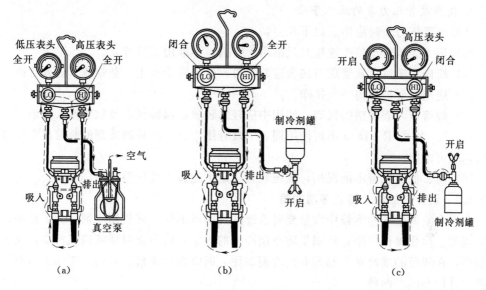

图 2-9 制冷系统维修软管的连接

(a) 系统抽真空；(b) 制冷剂高压端充注法；(c) 制冷剂低压端充注法

管上的截止阀应是关闭的。

4）用维修阀扳手分别将高、低压维修阀的阀杆顺时针转动 2～3 圈（根据需要打开维修阀位置）。

2. 歧管压力表的使用

歧管压力表的使用如图 2-10 所示：

（1）两个手动阀均关闭，可用于检测高压侧和低压侧的压力。

（2）两个手动阀均开启，内部通道全部相通。如果接上真空泵，就可以对系统抽真空。

（3）低压手动阀开启，高压手动阀关闭，此时可以从低压侧向制冷系统充注气态制冷剂。

（4）低压手动阀关闭，高压手动阀开启，此时可使系统放空，排出制冷剂，也可以从高压侧向制冷系统充注液态制冷剂。

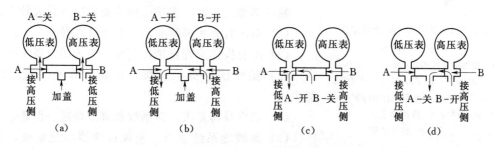

图 2-10 歧管压力表的使用

(a) 检测压力；(b) 旁通；(c) 加注制冷剂；(d) 放空或排出制冷剂

3. 使用歧管压力表的注意事项

使用歧管压力表时应注意以下几点：

（1）压力表软管与接头连接时只准用手拧紧，不准用工具拧紧。

（2）检修完毕后，软管应与接头连起来再收好，防止灰尘、杂物或水进入管内。

（3）使用时要把管内空气排净。

（4）歧管压力表为精密仪表，使用中应轻拿轻放，保持仪表及软管接头清洁。

（5）R-12与R-134a不可使用同一个歧管压力计。两种制冷剂的歧管接头尺寸也不相同，不可混用。

（6）高、低压软管不能混用，低压软管一定不能接入高压系统中。

2.2.1.2 制冷剂加注、回收多功能机

在汽车空调系统的维修中常常要对系统抽真空或加注、回收制冷剂。为了提高维修质量，规范、简化操作程序，特别是防止制冷剂的排空，既防止对环境造成污染，又减少经济损失，在规范的维修站中都配有制冷剂加注、回收多功能机。目前，市场上常见的多功能机有进口和国产两种。

1. 制冷剂加注、回收多功能机的组成

以 IQR390 制冷剂回收/再生/充注机为例（图 2-11），该设备主要由功能键面板和显示屏，低压表，高压表，高、低压表开关阀，设备机体（里面装有制冷剂罐、电子秤），冷冻油瓶，真空泵和连接软管等组成。

图 2-11 IQR390 制冷剂加注、
回收多功能机

1—功能键面板和显示屏；2—低压表；
3—高压表；4—高、低压表开关阀；
5—设备机体（里面装有制冷剂罐、
电子秤）；6—冷冻油瓶；7—真
空泵；8—连接软管

2. 制冷剂加注、回收多功能机主要功能

制冷剂加注、回收机的主要功能有：

（1）制冷剂回收/再生循环。

（2）废旧冷冻油自动排出。

（3）可编程式空调系统抽真空操作。

（4）可编程制冷剂加注操作，精密电子秤计量。

（5）非凝气体自动排出。

（6）新冷冻油加注，电磁阀控制。

3. 制冷剂加注、回收多功能机的特点

制冷剂加注、回收多功能机主要有以下几大特点：

（1）蓝屏背光大屏幕显示，多语言选择。

（2）所有操作全程自锁，避免了人为的设备干扰。

（3）操作信息提示详细，精确计算充注量，操作简单。

（4）真空泵排量大，对系统抽真空快速、彻底。

（5）高效能系统油分、干燥过滤器净化系统，保证了再生、净化的纯度。

（6）高效能冷凝器和大功率冷却风扇的冷凝系统，保证了设备高效的回收速率，回收全过程安全监控，设备高压、灌满报警。

（7）自动提示日常维护和故障内容。

4. 制冷剂加注、回收多功能机的使用

制冷剂加注、回收多功能机的使用主要有以下几个步骤：

（1）连接制冷剂加注、回收多功能机
与空调系统。将多功能机的高低压端的快速
接头与空调维修口连接，红色接头接高压
管，蓝色接头接低压管。快速接头如图2-
12所示，连接步骤为：①逆时针转动快速
接头的旋钮，关闭快速接头；②将快速接
头放在车辆的维修端口上；③用手指拉起
快速接头的外圈，安装快速接头，然后释
放外圈。拉动快速接头，检查快速接头是
否正确入座；④为了获得最大流量，顺时

图2-12　接头

针转动快速接头的旋钮到底，注意旋钮拧到位即可，不要用力拧过紧以防接头损坏。

（2）回收制冷剂。选择"回收"按钮，选择"启动"，加注、回收机会自动回收汽车
上的制冷剂，待高、低压指示表指示都指到0时选择"停止"按钮。这时显示屏会显示
"排出冷冻油"字样。排油时要注意观察排油壶刻度，待冷冻油排完后再次按"停止"
按钮。

（3）抽真空。选择"抽空"按钮，显示屏会显示抽空时间设定为15min，15min后
高、低压表指示都在负值表明抽真空结束，此时需保压至少5min时间，如压力无明显变
化即可进行下一步，反之需检查相应管路。

（4）充注制冷剂。按"充注"按钮，显示屏显示需要的充注量，实际充注量需按车型
选择，选择后按"启动"按钮，仪器会自动加注制冷剂，加注完毕后屏幕显示"充注完
成"。整个充注过程结束。

5. 空调系统制冷剂的充注量

各种不同车型的空调系统制冷剂的类型和充注量不同，具体加注量应根据车辆的说明
充注，一般在引擎盖上或发动机舱上标明制冷剂类型和充注量。部分车型空调系统制冷剂
充注量见表2-3。

表2-3　　　　　　　　　　　部分车型空调系统制冷剂充注量

车　　型	制冷剂	充注量/g
CC：2.0T	R-134a	600±25
迈腾：1.4T/1.8T/2.0T	R-134a	600±25
速腾：1.4T/1.6/1.8T/2.0T	R-134a	525±25
GOLF6：1.4T/1.6	R-134a	525±25
新宝来：1.4T/1.6	R-134a	540±25
宝来/高尔夫：A4	R-134a	750±50
捷达	R-134a	750±50

图中标注：旋钮、活动接头外圈

2.2.1.3　检漏设备

拆装或检修汽车空调制冷系统管道，更换零部件之后，需要对制冷系统进行制冷剂的泄漏检查。检漏设备的方法共有4种，汽车修理厂常用其中两种。

1. 肥皂液

把肥皂液涂在可能出现泄漏的地方，泄出的气体就会形成气泡。如果泄漏轻微，在泄漏的地方就会产生一个大气泡；如果泄漏严重，就会产生很多小气泡，很容易发现和鉴别。但是，肥皂液并不是万能的，有些不易涂抹或面积太大不能涂抹的地方，如压缩机前端盖或冷凝器等处，就不方便检查，另外微小的泄漏也很难查出。因此，肥皂液只能用作粗检，在检漏过程中还要和其他检漏设备一起使用。

2. 染料

用棉球蘸着制冷剂着色剂，涂在可能出现泄漏的地方，这种着色剂一碰到制冷剂，就会变成红色。这种方法和使用肥皂液一样方便、准确，但价格较贵，修理厂一般很少使用。

3. 卤族元素检漏灯

卤族元素检漏灯只适用于含有Cl原子的制冷剂（如R-12等）的检漏中。卤族元素检漏灯利用制冷剂气体进入安装在喷灯外的吸入管内会使喷灯的火焰发生改变的这一特性来判断系统泄漏的部位和泄漏的程度。火焰的颜色会根据吸入制冷剂量的不同而发生不同的变化。

4. 电子检漏仪

电子检漏仪是最灵敏也是最昂贵的一种检漏设备，因此，修理厂一般也很少使用。它能检测出空气中浓度为 $0.001\% \sim 0.005\%$ 的氟利昂。目前市场上主要有三种类型的电子检漏仪，第一种是对R-12检漏；第二种是对R-134a检漏；第三种是对R-12和R-134a两种制冷剂系统都能检漏。

2.2.1.4　制冷剂注入阀

为便于维修汽车空调和随车携带，制冷剂生产商制造了一种小罐制冷剂（一般为250g左右），但要将它注入到汽车空调制冷系统中，需要有配套注入阀（图2-13）才能开罐。

当向制冷系统充注制冷剂时，可将注入阀装在制冷剂罐上，旋转制冷剂注入阀手柄，阀针刺穿制冷剂罐，即可充注制冷剂。其具体使用方法如下：

（1）按逆时针方向旋转注入阀手柄，直到阀针退回为止。

（2）将注入阀装到制冷剂罐上，逆时针方向旋转板状螺母直到最高位置，然后将制冷剂注入阀顺时针方向拧动，直到注入阀嵌入制冷剂密封塞。

（3）将板状螺母按顺时针方向旋转到底，再

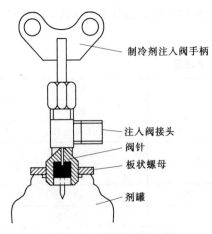

图 2-13　制冷剂注入阀

制冷剂注入阀手柄

注入阀接头

阀针

板状螺母

剂罐

将歧管压力表上的中间软管固定到注入阀的接头上。

（4）拧紧板状螺母。

（5）按顺时针方向旋转手柄，使阀针刺穿密封塞。

（6）若要充注制冷剂，则逆时针方向旋转手柄，使阀针抬起，同时打开歧管压力表上的手动阀。

（7）若要停止加注制冷剂，则顺时针方向旋转手柄，使阀针再次进入密封塞，起到密封作用，并同时关闭歧管压力表上的手动阀。

2.2.1.5 维修阀

对空调系统进行检测和维修时要用到检修阀门，通过检修阀门可对系统进行抽真空、加注或排出制冷剂、检测系统压力等操作。检修阀门有检修阀和气门阀两类。

1. 检修阀

检修阀又称三位维修阀，如图2-14所示。独立式空调系统的压缩机都装有高压和低压两个检修阀，两阀安装位置不同，一个装在高压侧，另一个装在低压侧，但结构相同，只是低压检修阀直径稍大。检修阀有3个工作位置：前座、后座和中间位置，各位置可通过阀杆转换。

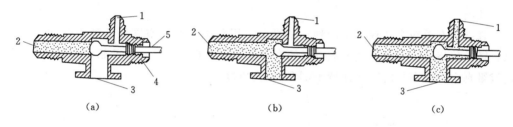

图2-14 检修阀
(a) 前座位置；(b) 后座位置；(c) 中间位置
1—维修接口；2—软管接口；3—压缩机接口；4—阀体；5—阀杆

2. 气门阀

在非独立式空调系统中，为简化系统结构，并没有在压缩机进、出口安装检修阀，而是采用维修接口的方式，每个维修接口都装有气门阀。维修接口的位置通常在压缩机进、出口连接管路上。

气门阀又称阀芯型检修阀，也称施拉德尔阀（图2-15）。它的外形和工作原理类似于轮胎的气门芯阀。正常位置时，靠系统内压力和弹簧压力使阀芯关闭。当外接软管时，软管接头上的顶销使阀芯打开，此时可对系统进行检测或抽真空、加注制冷剂。气门阀一般有两个，一个安装在高压管路中，一个安装在低压管路中，而且

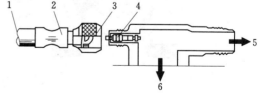

图2-15 气门阀
1—通往压力表；2—检测用软管；3—顶阀杆；
4—气门阀；5—通往制冷管路；6—通往压缩机

两个气门阀的接头尺寸不相同，这样有助于防止高、低压两侧互相接错。

目前，汽车空调制冷系统所使用的制冷剂仍然有R-134a与R-12之分，为防止加

注时出现混淆，气门阀有两种形式，一种是螺纹接头，用于 R - 12 制冷剂系统；另一种是快速接头形式，专用于 R - 134a 制冷剂系统。

在使用气门阀检测或加注制冷剂时应注意连接软管的拆装顺序：安装连接软管时，软管一端首先与歧管压力表的表座连接，然后另一端才能与气门阀连接；拆卸时则相反，首先断开与气门阀的连接，然后从歧管压力表的表座上拆卸另一端。

2.2.1.6 真空泵

安装、检修空调制冷系统时，会有一定量的空气和水蒸气进入制冷系统中，这会使制冷系统膨胀阀在工作时发生冰堵，冷凝器压力升高，对系统零部件产生腐蚀。因此，对制冷系统检修后，在未加入制冷剂之前，应对系统抽真空，而抽真空的彻底与否，将会影响系统的正常运行效果。

真空泵一般为叶片式旋转泵，主要由转子、定子、叶片、排气阀、弹簧等零件组成，如图 2 - 16 所示。工作时，机械泵在电动机带动下旋转，靠偏置旋转的叶片产生抽吸作用，使被抽的空调系统形成真空条件，从而降低系统内的压力，排除系统内的空气和水分。真空泵的功用就是对制冷系统抽真空，排除系统内的空气和水分。抽真空并不能把水抽出系统，而是产生真空后降低了水的沸腾点。水在较低压力下沸腾，以蒸汽的形式从系统中抽出。

真空泵有单级泵和双级泵两种。单级泵应用范围广，真空度能低到 100.3kPa，而且重量轻、价格低。双级泵能形成更高的真空度，因为真空先从一级开始，再排到二级，好的双级真空泵能在长时间内保持 101kPa 的真空度。

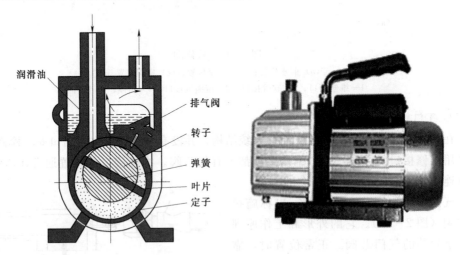

图 2 - 16 真空泵

2.2.2 制冷剂

2.2.2.1 制冷剂的定义

在制冷系统中用于转换热量并且循环流动的物质称为制冷剂。

汽车空调是利用制冷剂蒸气被压缩，压缩机驱动其循环流动实现制冷的。液体制冷剂在蒸发器低温下吸取被冷却对象的热量而汽化，使被冷却对象降温。然后，又在高温下把热量传给周围介质而冷凝成液体。如此不断循环，借助于制冷剂的状态变化，达到制冷的目的。

制冷剂 R-12 和 R-134a 中的英文字母 R 表示 refrigerant（制冷剂），其数字代号使用的是美国制冷工程师协会（ASRE）编制的代号系统。制冷剂的种类很多，理论上只要能进行气、液两种状态相互转换的物质，均可作为蒸发制冷系统的制冷剂。但寻找制冷效率高，且对环境没有污染的制冷剂却很困难，目前使用的 R-134a 只是 R-12 的替代品，其排放物产生的温室效应仍然对环境有较大的危害。

2.2.2.2　R-12 制冷剂的特性

车用空调中曾广泛使用的制冷剂 R-12，分子式为 CF_2Cl_2，化学名称为二氟二氯甲烷，是一种较为理想的制冷剂，主要特性如下：

（1）R-12 无色、无刺激性臭味；一般情况下不具有毒性，对人体没有直接危害；不燃烧，无爆炸危险，热稳定性好。

（2）R-12 是一种中压制冷剂，正常蒸发温度小于 0℃，冷凝器压力小于 1.5～2.0MPa。由于压力不是很高，降低了对冷凝器结构强度的要求。在大气压下 R-12 的沸点为 -29.8℃，凝固温度为 -158℃，能在低温下正常工作。节流后损失小，有较大的制冷系数。

（3）R-12 对一般金属没有腐蚀作用，但对镁和镁含量超过 2% 以上的铝合金除外。R-12 在 60～70℃ 时若遇氧化铁、氧化铜，可促使其分解。

（4）R-12 制冷系统对密封件有特殊要求。

（5）R-12 有良好的绝缘性能，它对制冷系统电器绕组的绝缘性能无影响。

（6）R-12 液态时对润滑油的溶解度无限制，可以任何比例溶解。但气态时 R-12 对润滑油的溶解度有限并随压力增高或温度降低而增大。

（7）R-12 对水的溶解度很小，而且在气态与液态时的溶解度也不同，气态时的溶解度高于液态时。

在制冷系统中，R-12 的含水量不得超过 0.0025%。当有过量的水分随制冷剂运行，在通过膨胀阀时，低温低压下水分中的热量在被吸收前会形成冰塞，堵塞制冷系统的循环通道，从而使空调的制冷系统失效。

水还能与系统中的酸、氧化物和其他杂质反应，形成金属盐，随着制冷剂和润滑油一起循环，加大运动机件的磨损及破坏电器的绝缘性能。水能使冷冻机油老化。它在氧的作用下，会生成一种油酸性质的絮状酸性物质，腐蚀金属表面，降低润滑效能。

在制冷系统中水的存在是有百害而无一利的，必须采取严格的防水措施，才能保证系统正常工作。防水措施主要有以下 3 点：

（1）使用纯度高的制冷剂。

（2）在装配或维修制冷系统后，一定要严格地抽真空。

（3）选含水量小于 0.002% 的冷冻机油，且要防止加注冷冻机油时水的侵入。

综上可以看出，R-12 是一种易于制造、原料来源丰富、价格相对低廉且可以回收重复使用的制冷剂。只是它对大气同温层的臭氧层有很强的破坏作用，因此，目前已经被新的制冷剂所替代。

2.2.2.3 R-134a 制冷剂的特性

长期以来，汽车空调系统大多采用 R-12 作为制冷剂。但若 R-12 泄漏并进入大气会破坏地球的臭氧保护层，危害人类的健康和生存环境，引起地球的温室效应。1987 年国际上制定了控制破坏大气层的《蒙特利尔议定书》。我国于 1991 年加入该协议，并决定从 1996 年起，在汽车空调中逐步用新制冷剂 R-134a 替代 R-12，在 2000 年生产的新车上不准再用 R-12。因此，作为汽车维修人员，必须掌握使用新型制冷剂空调系统的使用和维修方法。

R-134a 制冷剂的分子式为 CH_2FCF_3，是卤代烃类制冷剂中的一种，R-134a 制冷剂与 R-12 制冷剂的热物理性能比较见表 2-4。

表 2-4　　　　　　　　　　R-12 与 R-134a 的热物理性能比较

项　　目	R-134a	R-12
分子式	CH_2FCF_3	CF_2C_{12}
分子量	102.031	120.92
沸点/℃	−26.18	−29.80
临界温度/℃	101.14	111.8
临界压力/MPa	4.065	4.125
临界密度/（kg/m³）	1206	1311
0℃时的饱和气压/kPa	293.14	308.57
0℃时的汽化潜热/（kJ/kg）	197.89	154.87
60℃时的饱和蒸气压/kPa	1680.47	1518.17
ODP 值（臭氧破坏潜能值）	0	1.0
GWP 值（全球变暖潜能值）	0.11	1.0
与矿物油的溶合性	不溶	互溶
溶态热导率	大	小

从表中可以看出 R-134a 的主要特性如下：

（1）R-134a 的热力学性能，包括分子量、沸点、临界参数、饱和蒸气压和汽化潜热等，均与 R-12 相近，具有无色、无臭、不燃烧、不爆炸、基本无毒的特性。

（2）R-134a 制冷剂的传热性能优于 R-12，当冷凝温度为 40～60℃、质量流量为 45～200kg/s 时，R-134a 的蒸发和冷凝传热系数比 R-12 高出 25% 以上。因此，在换热器表面积不变的条件下，可减少传热温差，降低传热损失；当制冷量或放热量相等时，可减少换热器表面积。

（3）用 R-134a 替代 R-12 后，原有的压缩机润滑油（简称压缩机油）必须更换，这是因为 R-134a 本身与矿物油是不相溶的，必须使用合成润滑油来取代，如 PAG 类润滑油等。否则，系统将会损坏。

（4）R-134a 分子直径比 R-12 略小，易通过橡胶向外泄露，也较易被分子筛吸收。

（5）R-134a 的吸水性和水溶解性高。

2.2.2.4 制冷剂使用注意事项

使用制冷剂时，应注意以下几点：

（1）防潮防振动。装制冷剂的钢瓶，应储存在阴凉、干燥、通风的库房中，防止受潮而腐蚀钢瓶，在运输过程中要严防振动和撞击。

（2）远离热源。不要把它存放在日光直射的场所或炉子附近。在充注制冷剂时，对装制冷剂的容器加热，应在40℃以下的温水中进行，而不可将其直接放在火上烘烤。否则，会引起内储的制冷剂压力增大，导致容器发生爆炸。

（3）避免接触皮肤。因制冷剂在大气环境下会急剧蒸发，当其液体落到皮肤上时，会从皮肤上大量吸热而汽化，造成局部冻伤。尤其危险的是，当其进入眼球时，会冻结眼球中的水分，有可能造成失明。因此，在处理制冷剂时，应戴上眼镜和防护手套。若制冷剂触及眼睛，应尽快用冷水冲洗，不要用手或手帕揉眼，如有痛感时，可用稀硼酸溶液或2%以下的食盐水冲洗；如触及皮肤，应立即用大量清水冲洗，并马上涂敷凡士林，面积大时应立即到医院治疗。

（4）要避开明火。制冷剂不会燃烧和爆炸，但与明火接触时，会分解出对人体有害的气体（光气）。

（5）要注意通风良好。当制冷剂排到大气中的含量超过一定量时，会使大气中的氧气浓度下降，从而使人窒息。因此，在检查和添加制冷剂或打开制冷系统管路时，要在通风良好的地方进行操作。

2.2.3 冷冻机油
2.2.3.1 冷冻机油的作用

冷冻机油是制冷压缩机的专用润滑油，它可以保证压缩机正常运转、可靠工作，并延长其使用寿命。在空调制冷系统中的作用如下：

（1）润滑作用。压缩机是高速运动的机器，轴承、活塞、活塞环、曲轴、连杆等机件表面需要润滑，以减少阻力和磨损，延长使用寿命，降低功耗，提高制冷系数。

（2）密封作用。汽车使用的压缩机传动轴需要油封来密封，防止制冷剂泄漏。有润滑油，油封才起密封作用。同时，活塞环上的润滑油，不仅起减小摩擦的作用，而且起密封压缩机气态制冷剂的作用。

（3）冷却作用。运动的摩擦表面会产生高温，需要用冷冻机油来冷却。冷冻机油冷却不足，会引起压缩机温度过热，排气压力过高，降低制冷系数，甚至烧坏压缩机。

（4）降低压缩机噪声。

2.2.3.2 冷冻机油的性能要求

冷冻机油在空调制冷系统中完全溶于制冷剂中，并随制冷剂一起在制冷系统中循环。冷冻机油的温度有时会超过120℃，而制冷剂的蒸发温度范围为−30～10℃，因此冷冻机油是在高温与低温交替的条件下工作的。为保证其工作正常，对冷冻机油提出以下性能要求：

（1）冷冻机油的凝固点要低，在低温下具有良好的流动性。若低温流动性差，则冷冻机油会沉积在蒸发器内影响制冷能力或凝结在压缩机底部，失去润滑作用而损坏运动部件。

（2）冷冻机油应具有一定的黏度，且受温度的影响要小。温度升高或降低时，其黏度随之变小或增大。与冷冻机油完全互溶的制冷剂会使冷冻机油变稀，因此应选用黏度较高的冷冻机油；但黏度也不宜过高，否则，需要的启动转矩增大，压缩机启动困难。所以，冷冻机油的黏度要选择适当。

（3）冷冻机油与制冷剂的溶解性能要好。在汽车空调制冷系统中，制冷剂与润滑油是混合在一起的。当制冷剂流动时，润滑油也随之流动，这就要求制冷剂与润滑油能够互溶。若两者不互溶，润滑油就会聚集在冷凝器和蒸发器的底部，阻碍制冷剂流动，降低换热能力。由于润滑油不能随制冷剂返回压缩机，因此压缩机将会因缺油而加剧磨损。

（4）冷冻机油的闪点温度要高，具有较高的热稳定性，即在高温下不氧化、不分解、不结胶、不积炭。

（5）冷冻机油应无水分。若润滑油中的水分过多，则会在膨胀阀节流口处结冰，造成冰堵，影响系统制冷剂的流动。同时，油中的水分会使冷冻机油变质分解，腐蚀压缩机材料。

2.2.3.3　冷冻机油的种类及选择

1. 冷冻机油的种类

我国冷冻机油的牌号有 4 个，分别是 13 号、18 号、25 号和 30 号，牌号越大，其黏度越大。进口的冷冻机油一般有 SUNISO 3GS～SUNISO 5GS 牌号，其牌号越大，黏度也越大。

对空调制冷剂 R-134a 和 R-410a/R-407c，分别可以采用 POE 和 PAG 替代。POE 是 Polyol Ester 的缩写，又称聚酯油，它是一类合成的多元醇酯类油；PAG 是 Polyalkylene Glycol 的缩写，是一种合成的聚（乙）二醇类润滑油。POE 油不仅能良好地用于 HFC 类制冷剂系统中，也能用于烃类制冷；而 PAG 油则可用作 HFC 类、烃类和氨作为制冷剂的制冷系统中的润滑油。

2. 汽车空调用冷冻机油的选择

冷冻机油的选择原则是，要充分考虑空调压缩机内部冷冻机油的工作状态，如吸气、排气温度等。根据冷冻机油的特性，在实际选用时，应以低温性能为主来选择，但也要适当考虑对热稳定性能的影响。

2.2.3.4　冷冻机油使用注意事项

使用冷冻机油时，需注意以下几点：

（1）必须严格使用原车空调压缩机所规定的冷冻机油牌号，或换用具有同等性能的冷冻机油，不得使用其他油来代替，否则，会损坏压缩机。

（2）冷冻机油吸收水分的能力极强，所以在加注或更换冷冻机油时，操作必须迅速。如没有准备好、不能立刻加油时，不得打开油罐。在加注完后应立即将油罐的盖子封紧储存，不得有渗透现象。

（3）不能使用变质的冷冻机油。

（4）冷冻机油是不制冷的，同时还会妨碍热交换器的换热效果，因此只允许加到规定的用量，绝不允许过量使用，以免降低制冷量。

（5）在排放制冷剂时要缓慢进行，以免冷冻机油和制冷剂一起喷出。

2.3 习　　题

2.3.1　简答题

1. 如何对空调制冷系统加注冷冻油和制冷剂？
2. 制冷系统为何要抽真空？如何进行？
3. 比较从低压侧和高压侧加注制冷剂的异同点。

2.3.2　能力训练题

1. 将压力表组正确安装并连接到制冷系统，正确检测桑塔纳 2000 型轿车空调系统高、低压力值。
2. 实操汽车空调制冷系统检漏、抽真空、充注制冷剂等实训项目。

2.3.3　选择题

1. 如果制冷系统进入潮湿的空气，将会引起（　　）。
A. 系统压力过低　　　　　　　　B. 系统压力过高
C. 系统产生冰堵
2. 制冷系统冰堵常发生在（　　）处
A. 压缩机吸口处　　　　　　　　B. 冷凝器出口处
C. 蒸发器出口处　　　　　　　　D. 膨胀阀处

2.4 拓　展　阅　读

汽车空调行业 CFC 整体淘汰计划及其实施

2.4.1　行业背景

中国汽车空调工业始于 20 世纪 80 年代后期。随着中国汽车工业迅速发展，中国经济的迅速发展和人民生活水平的提高，对拥有汽车空调的汽车需求与日俱增。特别是中国南方天气炎热，经济又发展较快，人们在购车时，汽车（尤其是轿车和小面包车）有无安装空调是人们考虑的重要因素之一。1991—1994 年，装有空调的汽车产量和总量分别每年平均增加 29％和 22％。1994 年，汽车产量为 134 万辆，其中空调车有 28 万辆；1997 年汽车产量为 158 万辆，其中空调车有 56 万辆，约占 35％。但这些数字还低估了汽车空调的重要性，因为早在 1991 年，中国制造的 75％轿车和 30％客车已装备了空调。1994 年，空调轿车数量已上升为 80％。

统计表明，1997 年，我国有 38 家企业从事汽车空调产品生产。这些企业都是部件生产企业，生产汽车空调系统所需要的每一种部件。1997 年，安装在中国新汽车空调上 90％的压缩机和 94％的冷凝器、蒸发器都来自这些企业，除此之外还有一小部分其他部件（36％干燥器、45％胶管、8％膨胀阀）也来自这些企业。从价值上估计，这些企业占中国 1997 年汽车空调生产部件的 90％。

在我国汽车空调行业开始逐步淘汰 CFCs 以前，国内普遍使用 CFC-12 作为制冷剂。1993 年，一小部分依靠国外引进技术生产的轿车开始使用进口的 HCF-134a 作为制冷工质。虽然 CFC-12 是消耗臭氧层物质，但由于其成本低廉及化学稳定性好，大多数生产企业仍然愿意选用 CFC-12 的空调系统。

1994 年，神龙汽车有限公司和上海大众汽车有限公司率先安装 HFC-134a 的空调器，此后，我国汽车行业中不少企业也开始逐步使用 HFC-134a 作为制冷剂，相应 HFC-134a 使用率在逐年提高。

1995 年，4 个汽车空调器生产企业得到保护臭氧层的蒙特利尔多边基金的资助，赠款总额 675 万美元。这四家企业是上海易初通用机械有限公司、上海汽车空调器厂、岳阳恒立制冷设备有限公司、广州豪华汽车空调工业公司。目前，这些企业已完成改造和技术转换工作，并开始为汽车整车生产企业供应 HFC-134a 汽车空调器产品。

2.4.2　行业计划的批准

为了加速我国汽车空调领域的 ODS 淘汰进程，蒙特利尔多边基金执委会于 1998 年 11 月批准了《中国汽车空调行业 CFCs 整体淘汰计划》，该计划总计获得 770 万美元的赠款。

在多边基金的资助下，我国汽车空调行业开始以行业整体淘汰方式履行淘汰任务。根据行业整体淘汰计划的要求，中国汽车空调行业将于 2001 年底完成 CFC-12 的替代技术改造工作，从 2002 年 1 月 1 日起，新生产的汽车将停止装配 CFC-12 汽车空调器。

为了加强汽车空调行业 CFC-12 替代整体淘汰计划的日常管理工作，1998 年 12 月由国家环保总局外经办和原国家机械局规划发展司联合成立了汽车空调行业工作组，在国家环保总局外经办设办公室，负责日常的管理工作，并于 1999 年 4 月，通过招标，确定由中国工业机械进出口公司作为汽车空调行业整体淘汰计划的国内执行机构。

2.4.3　行业计划中的企业技术改造

根据中国汽车行业的特点，中国汽车空调行业机制 ODS 淘汰项目主要选择汽车空调器零部件生产企业，以加强中国短期内对汽车空调 ODS 淘汰工作进行总体控制的能力，使项目运作具有更大灵活性，援助资金达到更高费用有效性。

为了在汽车空调行业选出合适的项目投资企业，汽车空调工作组和国内执行机构于 1999 年 4 月 28 日公开发布投资项目的招标公告，并在中国汽车报上刊登。经过 6 月中旬的评标、审核过程，最终在 14 家投标企业中选出 11 家符合条件的汽车空调生产企业（其中包括 4 个压缩机生产企业、4 个热交换器生产企业、2 个汽车空调胶管生产企业和 1 个储液罐生产企业）。

汽车空调行业计划中投资项目总计获赠款 660 万美元。目前，行业机制下投资项目中，大部分企业的改造工作已经完成，可生产以 HFC-134a 为工质的汽车空调器零部件产品，将为汽车厂提供足够的空调器装备，这为我国汽车空调行业整体淘汰 CFCs 奠定了物质基础，从而保证汽车行业按期完成 CFC-12 的淘汰任务。

2.4.4　技援活动

为了全面而有效地按期实现上述 ODS 淘汰目标和淘汰任务，汽车空调行业 CFC 淘汰中各职能部门在国家环保总局、原国家机械工业局及国家经贸委的领导下，紧紧围绕行业整体淘汰计划开展各方面工作，在加强对投资项目的日常管理的同时，开展了一系列技援项目和培训活动。

技援活动是行业整体淘汰活动中的重要内容，它为履行国际职责提供重要的政策依据和技术支持，技援工作开展的好坏直接关系到整个行业淘汰工作能否顺利完成。汽车空调行业的技援活动主要包括产品性能检测、汽车空调器标准制修订、汽车空调产品认证、管理信息系统、数据信息系统、数据采集和监控系统。

1. 管理信息系统（MIS）

为了不断地从汽车生产企业收集信息以监控新车 CFC-12 淘汰状况，汽车空调行业的管理信息系统还专门在中国汽车经济信息研究所设立了一个数据收集和监控系统子站。数据收集与监控的对象是我国主要的汽车生产企业和汽车空调器生产企业，截止到2001年年底，进入监控系统的共有23家汽车厂和23家汽车空调器生产厂，这些企业每季度都将本企业的有关生产数据传送到中国汽车经济信息研究所，由其汇总整理，统计范围覆盖中国汽车总产量90％以上。该支援项目的数据统计工作将延续到行业整体淘汰计划完成后若干年。

2. HFC-134a 汽车空调系统及部件的标准修订与宣贯

由于我国目前使用的汽车空调器标准都是基于 CFC-12 制冷工质制定的，缺乏 HFC-134a 汽车空调器标准，大部分空调器生产企业都自行制定企业标准或采用相关国外标准，这样造成了采标混乱和检测依据不一致，从而给产品检验和评价带来一定的难度。因此，为了规范汽车空调产品检测方法，客观评价产品性能，决定制定一套完整的 HFC-134a 汽车空调器系统及零部件标准体系。

该工作由中国汽车技术研究中心牵头，国内主要汽车及空调器生产企业参加，并成立多个标准起草小组，研究并制定12项 HFC-134a 汽车空调系统及部件标准及承担相应的标准宣贯工作。通过多次召开标准起草小组协调工作会议及全行业征求意见，最终的标准审查于2000年7月底完成。12项新标准于2000年11月初被原机械工业局批准并生效，并开展了标准的宣贯工作。12项新标准体系的建立为汽车空调器产品试验性能检测和认证工作的开展提供了技术依据。

3. HFC-134a 汽车空调系统及压缩机试验能力建设

从2002年1月1日开始，新车生产中将停止使用 CFC-12 空调器。为了更好地保护消费者利益，杜绝不符合行业标准的汽车空调系统及零部件产品进入市场，从而给广大生产企业创造一个公平竞争的机会，完善汽车空调试验检测机构是十分必要的。

长春汽车研究所承担 HFC-134a 汽车空调器产品试验检测任务，该技援项目主要对该所的空调试验检测能力进行适应性改造，包括 HFC-134a 空调压缩机性能试验台的采购和系统试验台的设备改造。目前，该技援项目的硬件设施的改造已完成并已通过验收，开始正式运行，为汽车空调器产品的认证工作奠定了良好的基础。

4. HFC-134a 汽车空调产品的认证工作

该技援项目的主要目的是通过对 HFC-134a 汽车空调系统及压缩机等产品的认证，为中国汽车空调行业新车整体淘汰 CFC-12 提供保障。为此，国家环保总局、原国家机械工业局联合发布了《关于中国汽车行业新车生产限期停止使用 CFC - 12 汽车空调器的通知》(环发 [1999] 267 号文),规定自 2002 年 1 月 1 日起,只有经过认证被认为符合有关标准的汽车空调器产品才准用于新车配套。

承担该项目的中国汽车产品认证中心制定了 7 项汽车空调产品认证实施办法,2001年 1 月经国家质量技术监督局批准,并于 3 月底对汽车空调生产企业进行了有关认证办法的宣贯。认证工作不仅是汽车空调行业机制下的重要技援项目而且还是汽车行业最终淘汰ODS 必不可少的政策措施之一。

5. 加强宣传教育,搞好培训工作

1998 年 12 月,汽车空调行业工作组在北京举办标前培训班,对重点企业进行招投标知识的培训。1999 年 6 月召开了投资项目和技援项目实施的培训会议,对招投标体系、项目实施、审计、财务要求以及有关行业淘汰的计划、方针、政策、措施等内容进行了培训。

在汽车空调行业整体淘汰计划中所进行的淘汰活动不同于传统的单个项目,最终全行业的整体淘汰 CFCs 的任务需要在汽车整车生产企业实现。由于中国汽车生产企业数量庞大,整车生产企业有 100 多家,改装车厂五六百家,因此国家环保总局外经办会同国家经贸委共同组织了对地方汽车行业主管部门和汽车生产厂的培训,目的是使各有关部门和企业对我国汽车空调行业的整体淘汰计划及相关政策有清晰的认识。通过培训,汽车生产部门对我国汽车行业淘汰 CFCs 的政策有了更深入的了解,在以后的生产经营活动中积极参与 CFCs 淘汰活动,从而堵住生产上的漏洞,防止 CFCs 空调器的产品进入汽车生产企业的零部件供应体系,确保我国汽车空调行业 CFCs 整体淘汰计划全面落实。

2.4.5 相关政策法规

在开展技援活动的同时,为配合国家 ODS 整体淘汰战略,确保按期实现淘汰目标,我国政府制定了一系列汽车空调行业淘汰 CFC - 12 的标准、法规、政策,逐步形成一套适合我国国情的强有力而行之有效的政策法规体系。

1. 禁令的发布

(1) 原机械工部发布的禁令。原机械工部汽车司于 1997 年 7 月 2 日发布了《关于汽车行业新车生产停止使用 CFCs 的通知》,通知中规定"从即日起,新设计的车型不允许再使用以 CFC - 12 为工质的空调器"。

(2) 国家环保总局与原国家机械工业局联合发布禁令。1999 年 11 月 26 日,国家环保总局与原国家机械工业局联合发布了《关于中国汽车行业新车生产限期停止使用 CFC - 12 汽车空调器的通知》。根据文件规定,我国汽车空调行业应于 2002 年 1 月 1 日以前完成由 CFC - 12 向 HFC - 134a 技术转换的全部工作,2002 年 1 月 1 日起,所有新生产的汽车必须停止装配以 CFC - 12 为工质的汽车空调器。

2. 非 CFCs 制冷剂检验成为强制性检测项目

(1) 1998 年 3 月 10 日,国家机械工业部汽车工业司发布《关于汽车新产品实施 34项强制性检验的通知》,该文件将非 CFCs 汽车空调器标记的检验作为一个检验项目,但检验结果不作为是否通过 34 项强检的否定项。

(2) 2000 年 1 月 3 日,原国家机械工业局再次发文,将 34 项汽车强制性检测项目扩充至 40 项，文件中强调"2002 年 1 月 1 日起所有装配空调的汽车产品均应采用非 CFCs 制冷剂"。根据规定，非 CFCs 标记检验结果将作为车型是否通过检测的否决项，即 2002 年 1 月 1 日以后，以 CFC－12 为工质的空调车将不予上汽车产品目录。

3. 颁布并实施 12 项汽车空调标准

2000 年 11 月根据关于对《汽车空调制冷装置性能要求》等 13 项行业标准的批复的文件，原国家机械工业局正式批准了 12 项汽车空调（HFC－134a）系统及零部件标准，并于 2001 年 4 月 1 日起开始实施。

4. 实施汽车空调产品认证

国家技术监督局于 2001 年 1 月 19 日发布了 7 项汽车空调（HFC－134a）系统及部件产品认证实施办法——关于批复《第四批实施合格认证的汽车产品（首批汽车空调制冷装置合格认证产品）目录》的函。汽车产品认证委员会于 2001 年 4 月 1 日开始对汽车空调器的主要产品进行认证。2001 年 1 月 1 日后，只有符合相关标准的 HFC－134a 空调器才能发给认证证书和标志，准予用于新车配套。

5. 非 CFCs 检测纳入新产品申报管理工作

2001 年 4 月 9 日国家经贸委发布《关于受理车辆新产品申报工作的通知》，该通知将原机械工业部发布的《关于中国汽车行业新车生产停止使用 CFCs 物质的通知》中有关 CFC 检测项目纳入新产品申报检测内容。

6. 在用车逐步削减 CFCs 消费的政策

对于在用车使用 CFC－12 的问题，《中国逐步淘汰消耗臭氧层物质国家方案（修订稿）》（以下简称《国家方案》）中明确规定"通过行业机制的实施自 2001 年 12 月 31 日起禁止所有新生产的汽车使用 CFC－12 的空调器，并逐步削减在用车的 CFCs 消费量，2009 年后在用汽车空调器只许使用回收的 CFCs。"《国家方案》的政府战略中指出"削减 ODS 的生产和消费，不能危及国内消费者对这些产品的正常要求。"由此可以看出，我们目前只对新车实施 ODS 淘汰的做法，是为了保证我国消费者利益不受侵犯，在维持我国现有相当数量的以 CFC－12 为制冷工质的在用车正常使用寿命的同时，有计划有步骤地完成我国新车 ODS 淘汰目标。

但是，为了履行国际义务，在用车在维修与最终报废过程中应注意制冷剂的回收。我们必须统一步伐、行动一致，而不能各自为政，各地方省市在监督实施 ODS 淘汰时应与国家整体淘汰战略步调一致。工作组正在与联合国环境署（UNEP）合作，进行有关"中国制冷维修行业 CFCs 替代战略"的研究工作，其中制冷剂在维修过程中的回收问题是研究的重点内容。

项目 3　汽车空调通风、取暖与配气系统的检修

教　学　准　备		
序号	名称	内　　　容
1	学习目标　知识目标	（1）了解空调控制面板的控制原理； （2）理解空调通风、取暖与配气系统的结构和工作原理； （3）掌握空调通风、取暖与配气系统的常见故障的检查方法
	技能目标	（1）认识空调通风、取暖与配气系统在车上的安装位置； （2）会检查系统的常见故障并排除； （3）掌握空调系统的维护与常规检查操作技能
2	教学设计	在课堂上讲述空调通风、取暖与配气系统的结构和工作原理，然后在实训室的实车上指出空调通风、取暖与配气系统在车上的安装位置与工作时的状态，现场演示主要组件的拆装和检修的操作方法，最后将学生分成若干组进行相应的实训操作
3	教学设备	帕萨特自动空调实训台两台，桑塔纳手动空调实训台两台，桑塔纳2000型一辆，别克君威一辆，大众朗逸两辆，上海大众POLO两辆，温度表，万用表

3.1　实　操　指　导

实操目的：①能在车上识别空调通风、取暖与配气系统的安装位置；②学会检查系统的常见故障并排除；③掌握空调系统的维护与常规检查操作技能。

实操过程：首先确认空调通风、取暖与配气系统在车上的安装位置，然后检查鼓风机是否运行，如果不运行，则检查鼓风机电动机是否工作；检查空调滤芯是否脏污以及风道、风口系统是否堵塞；检查暖风系统是否存在故障，并检查确定是什么原因导致，最后加以排除。

3.1.1　常见的通风故障

3.1.1.1　鼓风机故障

鼓风机电动机通常是通过鼓风机继电器控制，如果鼓风机电动机不工作，可参看图 3-1，查找鼓风机电动机故障。具体步骤如下：

（1）确认搭铁线有无脱线（图 3-1 中①）。

（2）拆下鼓风机电动机上的火线（图 3-1 中②）。

（3）用一连接线将火线（＋）端（图 3-1 中③）与鼓风机电动机接通。如电动机转动，则电动机正常，问题出在别处。如不转，电动机本身可能出现故障，需要更换。

注意：为防止意外短路，搭接线上应接有熔丝，以提供过流保护。

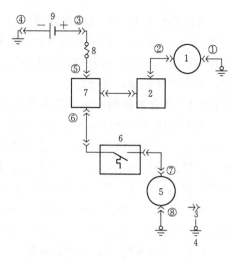

图 3-1　典型的鼓风机电动机线路
1—鼓风机电动机；2—鼓风机控制器；3—连接器；
4—搭铁；5—电磁离合器；6—恒温器；
7—主控制器；8—熔丝；9—蓄电池

3.1.1.2　空调滤芯脏污

滤芯使用一段时间后会非常脏，大量的灰尘会积聚在滤芯面板上，容易滋长细菌，使空调产生霉味，如图 3-2 所示。这就需要更换新的空调滤芯，如图 3-3 所示。根据驾驶情况，一般滤芯的更换间隔是 12 个月或 2 万 km，最好每年的春季过后更换一次。更换时，要确认滤芯的安装位置，不同的车型空调滤芯位置有所不同，主要有以下两种：

（1）一些空调滤芯在车的前挡风玻璃下面，被一个导流水槽盖住。在更换滤芯时，先把发动机盖掀开，取下固定流水槽的卡子，拆下流水槽，就可以看见空调滤芯了。

（2）大部分家用轿车的空调滤芯位于副驾驶席前挡风下的储物盒内，拆卸起来极为方便，只需要将储物盒取下，就会看见里面的空调滤芯。

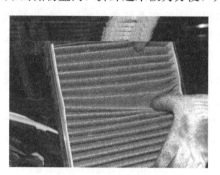

图 3-2　脏污的空调滤芯

图 3-3　新的空调滤芯

3.1.1.3　风道和风口系统堵塞

风道和风口中的堵塞会使空气输出不畅。检查下列风道是否有东西堵塞，例如树叶或尘土等。

（1）除霜器管道。

（2）加热器管道。

（3）空调管道。

（4）通风管道。

（5）侧车窗除雾器。

3.1.2　暖风系统故障

汽车暖风系统不热可以分为两方面的原因，一是风量的控制机构工作不良导致汽车暖风不热；一是发动机冷却系统问题造成汽车暖风不热。

在维修时，我们要先判定是哪一方面原因引起汽车暖风不热的，再进行相应的维修。判别造成汽车暖风不热原因的方法很简单，看一下暖风小水箱的两个进水管温度，如果两根管都够热，说明是风量控制机构问题；反之，如果两根水管都凉，或者是一根热一根凉，则说明是冷却系统问题。

3.1.2.1 风量的控制机构工作不良的情况

汽车的暖风是利用鼓风机把暖风小水箱的热量吹入到驾驶室的，如果风量不够或冷热风分配不好，使暖风小水箱的热量散发不出来，也会造成暖风的温度上不来。这时先要检查滤清器是否脏污堵塞，如果是的话，则需进行清理，必要时要及时更换；再检查鼓风机的各挡位运转情况，每个挡位都要达到足够的转速。如果旋钮调整到暖风位置，风量够大，风向也正常，吹出来的是凉风，则应检查暖风箱冷热风的控制翻板拉线是否脱落、暖风叶轮是否损坏、翻板是否脱落等，排除故障后暖风就会热起来。

3.1.2.2 冷却系统可能出现的问题

发动机冷却系统可能会出现以下问题而导致暖风不热：

（1）水泵叶轮破损或丢转，使流经暖风小水箱的流量不够，热量上不来。

（2）节温器常开或节温器开启过早，使冷却系统过早地进行大循环，而外部气温很低，特别是车跑起来时，冷风很快把防冻液冷却，发动机水温上不来，暖风也不会热。

（3）发动机冷却系统有气阻，气阻导致冷却系统循环不良，造成水温高，暖风不热的故障。如果冷却系统总有气，很可能是汽缸垫有破损，向冷却系统串气所致；如果暖风小水箱的进水管很热，而出水管较凉，这种情况应是暖风小水箱有堵塞，应更换暖风小水箱。

3.1.2.3 暖风系统常见故障

暖风系统常见故障如表3-1所示，可根据故障现象检查相应的项目，并排除故障。

表3-1　　　　　　　　　　　暖风系统常见故障

故障现象	产生原因	排除方法
不供暖或暖气不足	（1）暖风散热器芯内部堵塞； （2）暖风散热器芯表面气流受阻； （3）暖风散热器芯管子内部有空气； （4）温度门位置不正确； （5）温度门真空驱动器损坏； （6）鼓风机损坏； （7）鼓风机继电器、调温电阻损坏； （8）热水开关损坏； （9）发动机的节温器损坏	（1）冲洗或根据需要更换芯子； （2）用空气吹通散热器芯表面； （3）排出管内空气； （4）调整拉线； （5）修理或更换； （6）修理或更换； （7）修理或更换； （8）修理或更换； （9）修理或更换
漏水	（1）软管老化、接头不牢； （2）热水开关关不死	（1）更换水管、接牢接头； （2）修复热水开关
过热	（1）调温风门调节不当； （2）发动机节温器损坏； （3）风扇调速电阻损坏	（1）重调； （2）修理或更换； （3）更换
除霜热风不足	（1）除霜风门调整不当； （2）出风口堵塞； （3）供暖不足	（1）重调； （2）清理； （3）见供暖不足部分

3.2 相 关 知 识

3.2.1 汽车空调通风与空气净化系统

由于汽车车室比一般居室窄小得多，并且车室内乘员密度大，呼吸排出的二氧化碳、汗液的蒸发、吸烟的烟雾以及从车外进入的灰尘等很容易使车室内的空气污浊，对人体健康造成很大的危害。即使车室内的温度和湿度适宜，也不能消除污浊空气给人带来的不舒适感。因此，对车室内进行通风换气以及对车内空气进行过滤、净化是十分必要的，汽车通风和空气净化系统也是汽车空调系统的重要组成部分。

汽车空调通风系统的作用是在汽车运行中从车外引入一定量的新鲜空气，并将车内的污浊空气排出车室外，同时还可以防止风窗玻璃结霜。汽车空调通风系统的通风方式一般有动压通风、强制通风和综合通风3种方式。

1. 动压通风

动压通风也称自然通风，它利用汽车行驶时对车身外部所产生的风压为动力，在适当的地方开设进风口和排风口，以实现车内的通风换气目的。

进、排风口的位置取决于汽车行驶时车身外表面的风压分布状况（图3-4）和车身结构形式。进风口应设置在正风压区，并距离地面尽可能高以免吸入汽车行驶时扬起的带有尘土的空气。排风口则设置在汽车车室后部的负压区，并且应尽量加大排气口的有效流通面积，提高排气效果，还必须注意到防尘、防噪声以及防雨水等问题。

车辆行驶时，车身外部大多受到负压，只有在车前以及前风挡玻璃周围为正压区。因此，轿车的进风口设在车窗的下部正风压区，而排风口则设置在轿车尾部负压区。动压通风时，车内空气的流动示意图如图3-5所示。

由于动压通风不消耗任何动力，且结构简单，通风效果也较好，因此，轿车大都设有动压通风口。

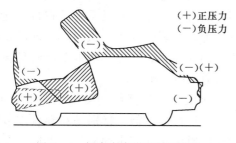

图3-4 轿车车身表面风压分布　　　　图3-5 轿车空调风流动示意图

2. 强制通风

强制通风是指利用鼓风机或风扇（图3-6）强制将车外空气送入车室内进行通风换气。这种方式需要能源和设备，在备有冷暖气设备的车身上大多采用通风、供暖和制冷的联合装置。

汽车空调制冷系统采用的鼓风机，大部分是靠电机带动的气体输送机械，它对空气进行较小的增压，以便将冷空气送到所需的车室内，或将冷凝器四周的热空气吹到车外，因而鼓风机在空调制冷系统中是十分重要的设备。

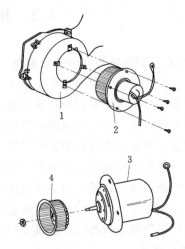

图 3-6　常见的风机与电机装配示意图
1—风机室；2—风轮和电机；3—电机；4—风轮

汽车上一般设有停止、自然通风（指车内外空气通过风扇口自然流通）、进气、排气和循环5种功能。这些功能的实现，大都靠改变风门模式（各个风门的开度、关闭之间的相互组合关系）来实现。风门的开闭、开度一般采用真空驱动器控制（图3-7）。

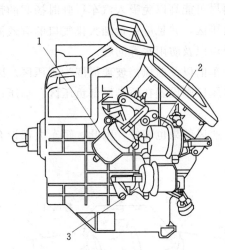

图 3-7　风门真空驱动器
1—除霜风门驱动器；2—湿度风门
驱动器；3—底板驱动器

3. 综合通风

综合通风是指一辆汽车上同时采用动压通风和强制通风两种方式。采用综合通风系统的汽车比单独采用强制通风或自然通风的汽车结构要复杂得多。最简单的综合通风系统是在自然通风的车身基础上，安装强制通风风扇，根据需要可分别使用和同时使用。这样，基本上能满足各种气候条件的通风换气要求。

综合通风系统虽然结构复杂，但节省电力、经济性好、运行成本低。特别是在春秋季节的天气，用动压通风导入凉爽的外气，以取代制冷系统工作，同样可以保证舒适性要求。这种通风方式近年来在汽车上的应用逐渐增多。

3.2.2　汽车空气净化系统

汽车空气净化主要有两种方式，一种采用空气净化器净化。空气净化器通常有空气过滤装置及空气净化装置两种，如图3-8所示。空气过滤式空气净化器是在空调系统的进风和回风口处设置空气滤清装置，它仅能滤除空气中的灰尘和杂物，结构简单，工作可靠，只需定期清理过滤网上的灰尘和杂物即可，故广泛用于各种汽车空调系统中。静电除尘式空气净化器则是在空气进口的过滤器后再设置一套静电除尘装置或单独安装一套用于净化车内空气的静电除尘装置。它除了具有过滤和吸附烟尘等微小颗粒的功能外，还具有除臭、杀菌作用，有的还能产生负离子以使车内空气更为新鲜洁净。由于其结构复杂、成本高，所以，只用于某些高级轿车和旅游车上。

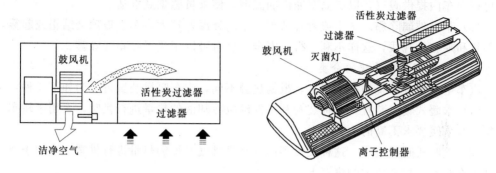

图 3-8　空气过滤装置及空气净化装置

静电除尘式空气净化系统的空气净化过程框图如图 3-9 所示。

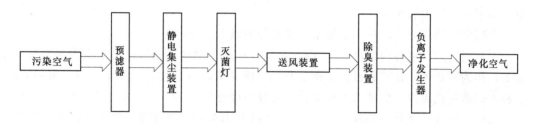

图 3-9　静电集尘式空气净化装置原理图

预滤器用于过滤空气中粗大的尘埃杂质。

除尘器以静电除尘方式把微小的颗粒尘埃、烟灰及汽车尾气中含有的微粒吸附在除尘板上。其工作原理是：辉光放电时产生的加速离子通过热扩散或相互碰撞而使浮游尘埃颗粒带电，然后在辉光放电的电场中，在库仑力的作用下，克服空气的黏性阻力而被吸附在集尘电极板上，灭菌灯用于杀死吸附在集尘板上的细菌。灭菌灯是一只低压水银放电管，能发射出波长为 353.7nm 的紫外线光，其杀菌能力约为太阳光的 1.5 倍。

除臭装置用于除去车室内的汽油及香烟等气味，一般是采用活性炭过滤器、纤维式或滤纸式空气过滤器来吸附烟尘和臭气等有害气体。

汽车空气净化的另一种方式是利用电传感器测出空气中的污染程度，自动控制新风门的开启，让烟气及受污染空气排出车外，达到净化车内空气的目的。实际上这两种方式常常被同时采用，部分高级客车上实现了电脑控制空气净化问题。

3.2.3　汽车空调取暖系统

3.2.3.1　汽车空调供暖系统的主要作用与分类

汽车空调供暖系统的作用，是将新鲜空气送入热交换器，吸收汽车热源的热量，从而提高空气的温度，并将热空气送入车内的装置。

1. 汽车空调供暖系统的主要作用

（1）调节舒适温度。加热器和蒸发器一起将冷热空气调节到人所需要的舒适温度。现代汽车空调已经发展到冷暖一体化的水平，可以全年地对车厢内的空气温度进行调节。

（2）冬季供暖。冬季由于天气寒冷，人在运动的汽车内会感到更寒冷。这时，汽车空调可以向车内提供暖气，以提高车厢内的温度，使乘员感觉到舒适。

（3）车上玻璃除霜。冬季或者春秋季，室内外温差较大，车上玻璃会结霜或起雾，影响司机和乘客的视线，这样不利于行车安全，这时可以用热风除霜或除雾。

2. 汽车空调供暖系统的分类

汽车空调供暖系统的种类很多，根据热源不同，汽车暖风装置可分为如下4种：

（1）水暖式暖风装置。这种装置利用发动机冷却液的热量进行供暖，多用于轿车、大型货车及采暖要求不高的大客车上。

（2）气暖式暖风装置。这种装置利用发动机排气系统的热量进行供暖。多用于风冷式发动机汽车和有特殊要求的汽车上。

（3）独立燃烧式暖风装置。这种装置装有专门燃烧的机构，多用在大客车上。

（4）综合预热式暖风装置。这种装置既利用发动机冷却液的热量，又装有燃烧预热器，多用于豪华大客车上。

根据空气循环方式，汽车供暖系统又可分为以下3种：

（1）内气式（又称内循环式）。内气式是指利用车内空气循环，将车室内部空气（用过的）作为载热体，让其通过热交换器升温，使升温后的空气再进入车室内供乘员取暖。这种方式消耗热源少，但从卫生标准看，是最不理想的。

（2）外气式（又称外循环式）。外气式是指利用车外空气循环，将车外新鲜空气作为载热体，让其通过热交换器升温，使升温后的空气进入车室内供乘员取暖。从卫生标准看，外气式是最理想的，但消耗热源也最大，也是最不经济的。除特殊要求或高级豪华轿车空调，否则一般不采用这种方式。

（3）内外气并用式（又称内外混合式）。内外气并用式是指既引进车外新鲜空气，又利用部分车内的原有空气，以车内外空气的混合体作为载热体，通过热交换器升温，向车室内供暖。从卫生标准与热源消耗看，正好介于内气式和外气式之间，是目前应用最普遍的方式。

不论是利用何种热源，热量都是通过热交换装置传递给空气，并通过风机把热空气送入车室，将热交换器、风机和机壳组合在一起的装置称为空气加热器。

3.2.3.2　水暖式暖风系统的结构与工作原理

水暖式暖风系统一般以水冷式发动机冷却系统中的冷却液为热源，将冷却液引入车室内的热交换器中，用鼓风机送来的车室内空气（内气式）或车外空气（外气式）与热交换器中的冷却液进行热交换，鼓风机将加热后的空气送入车室内。

水暖式暖风系统的管路连接如图3-10所示。在发动机冷却液进口装有水泵，它是冷却液循环的动力。不使用暖风时，冷却液通过散热器进水管进入散热器，放热后的冷却液由散热器出水管回到发动机。使用暖风时，经发动机上的冷却液控制阀（图3-11）分流出来的冷却液送入暖风机的加热器芯，放热后的冷却液由加热器出水管回到发动机。冷空

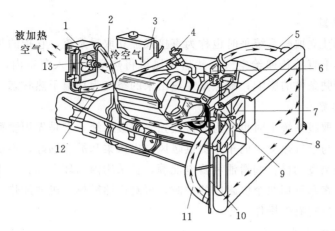

图 3-10 汽车水暖式暖风装置

1—加热器芯子；2—加热器出水管；3—膨胀水管；4—冷却水控制阀；5—水箱进水管；
6—恒温器；7—风扇；8—水箱；9—水源；10—水箱溢流管；11—水箱
出水管；12—加热器水管；13—加热器鼓风机

气则在鼓风机的作用下，通过加热器被加热后，由不同的风口吹往车室内。暖风系统的暖风流经驾驶员座位左右的空间，在车内均匀分布。为了防止风窗玻璃上结霜，还应使暖风通过风窗玻璃下面的出风口，使暖风吹到风窗玻璃上，以保持风窗玻璃内侧温度在露点（又称露点温度，在气象学中是指在固定气压之下，空气中所含的气态水达到饱和而凝结成液态水所需要降至的温度）之上。

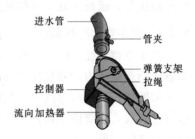

图 3-11 冷却液控制阀

水暖式暖风系统的热源是从汽车发动机的冷却液中取得的，因此热源的取得非常容易，只需将发动机的冷却液送到热交换器中即可。该热源供给可靠，发动机只要一工作，热水即产生，而且很经济，不需另外的燃料。另外，发动机的冷却液温度比较适宜，散热也均匀。所以这种暖风系统在国内外生产的轿车，如丰田、马自达、奔驰、红旗、奥迪、桑塔纳等，以及大型货车和采暖要求不高的大客车上均得到采用。

水暖式暖风系统也存在不少缺点，最大缺点是供暖必须在发动机冷却液温度达到一定温度时（也就是冷却液进行大循环时）方能开始，因此在严冬季节，下坡、停车或刚起步时，热源就显得不足。如果使用不当，发动机容易发生过冷现象。特别是对于车身较长的大型客车，在北方使用或外界温度低的情况下，车室内热负荷很大，仅靠水暖式暖风系统难以取得令人满意的效果。

3.2.3.3 独立燃烧式暖风系统

独立燃烧式暖风系统利用燃料在燃烧时所产生的热量对供暖空气进行加热，常用煤油、轻柴油等作燃料。供暖空气可用车外空气或车内循环空气。目前，许多独立取暖系统都增加了定时预热功能。它需要单独消耗能源，电耗大，经济性较差，结构较复杂，制造成本、使用成本、维修费用高，需要特别注意的是这种暖风系统在停车时还会消耗蓄电池电能。独立式暖风机可分为空气加热器、水暖加热器、气水综合加热器等几种。

1. 空气加热器

空气加热器独立取暖系统平时也称为直接式独立取暖系统，它指的是把燃料燃烧产生的热量在换热器中直接传递给空气，然后用风机将热空气送入车室内，它的优点是取暖快，不受汽车行驶条件的影响；缺点是加热出来的空气为高温干热状态，舒适性差。

2. 水暖加热器

水暖式独立取暖系统平时也称为间接式独立取暖系统，它是先用燃料燃烧的热量把水加热，再利用水与空气热交换向车室提供暖风，出风柔和舒适感好，不仅可作为车室取暖用，还可提供预热发动机、润滑油和蓄电池等，且采用内循环空气、灰尘少，效果较为理想。目前，部分客车利用两个电磁阀的控制，可对机油散热、机油加热、单独除霜及司机取暖、车室取暖进行有效操作。

3. 气水综合加热器

气水综合加热器独立取暖系统也称为综合预热式暖风系统。为了既利用发动机的冷却液的热量又避免独立燃烧式暖风系统的废气窜入车室，同时满足大型客车热负荷的需要，近年来，大型客车上采用综合预热式暖风系统，它提高了发动机的启动性，改善了发动机的冷却状况，延长了发动机的使用寿命。

3.2.4　汽车空调配气系统

汽车空调已经发展到冷暖一体化方式，系统根据空调工作要求，可以将冷、热风按照配置送到驾驶室内，满足调节需要。

如图 3-12 所示为汽车空调配气系统的基本结构，它通常由三部分构成：第一部分为空气进入段，主要由用来控制新鲜空气和室内循环空气的风门叶片和伺服器组成；第二部分为空气混合段，主要由加热器、蒸发器和调温风门组成，用来提供所需温度的空气；第三部分为空气分配段，使空气吹向面部、脚部和风窗玻璃上。

空调配气系统的工作过程如下：新鲜空气＋车内循环空气→进入风机→空气进入蒸发器冷却→由风门调节进入加热器的空气→进入各吹风口。

空气进口段的风门叶片主要控制新鲜空气和室内循环空气的比例，当夏季室外空气温度较高、冬季室外温度较低的情况下，尽量开小风门叶片，以减少冷热气量的损耗。当车内空气品质下降，汽车长时间运行或者室内外温差不大时，这时应定期开大风门叶片。一般汽车空调空气进口段风门叶片的开启比例为 15%～30%。

加热器旁通风门叶片主要用于调节通过加热器的空气量。顺时针旋转风门叶片，开大旁通风门，通过加热器空气量少，由风口 4、5、7 吹出冷风；反之，逆时针旋转风门叶片，关小旁通风门，这时由风口 4、5、6、7 吹出热风供采暖和玻璃除霜用，如图 3-12 所示。

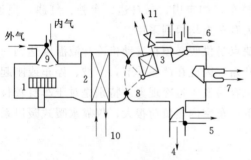

图 3-12　汽车空调配气系统

1—鼓风机；2—蒸发器；3—加热器；4—脚部吹风口；

5—脸部吹风口；6—除霜风口；7—侧风吹风口；

8—加热器旁通阀；9—新鲜空气风口；

10—蒸发器制冷剂进出管；

11—加热器进出水管

汽车空调配气方式有如下几种。

1. 空气混合式配气系统

如图 3-13 (a) 所示，这种配气系统的工作过程为：车外空气＋车内空气→进入风机 3→混合空气进入蒸发器 1 冷却→由风门调节进入加热器 2 加热→进入各吹风口 4、5、7。进入蒸发器 1 后再进入加热器 2 的空气量，可用风门进行调节。若进入加热器的风量少，也就是冷风量相对较多，这时冷风由冷气吹出口 7 吹出；反之，则吹出的热风较多，热风由除霜吹出口 5 或热风（脚部）吹出口 4 吹出。

空气混合式配气系统的优点是能节省部分冷气量，缺点是冷、暖风不能均匀混合，空气处理后的参数不能完全满足要求，亦即被处理的空气参数精度较差一些。

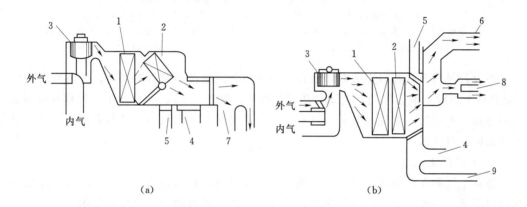

图 3-13　配气系统送风流程
（a）空气混合式；（b）全热式
1—蒸发器；2—加热器；3—风机；4—热风吹出口；5—除霜吹出口；6—中心吹出口；
7—冷气吹出口；8—侧吹出口；9—尾部吹出口

2. 全热式配气系统

如图 3-13 (b) 所示，全热式配气系统的工作过程为：车外空气＋车内空气→进入风机 3→混合空气进入蒸发器 1 冷却→出来后的空气全部进入加热器 2→加热后的空气由各风门调节风量分别进入各吹风口。

全热式与空气混合式的区别在于由蒸发器出来的冷空气全部直接进入加热器，两者之间不设风门进行冷、热空气的风量调节，而使冷空气全部进入加热器再加热。

全热式配气系统的优点是被处理后的空气参数精度较高，缺点是浪费一部分冷气。这种配气方式只用在一些高级豪华汽车空调上。

3. 加热与冷却并进混合式配气系统

如图 3-14 (a) 所示，该配气系统工作时，混合风门 6 可以在最上方与最下方区域之间的任何位置开启或停留。当空气由风机 3 吹出后，将由风门调节进入并联的蒸发器 4 和加热器 5，蒸发器的冷风从上面吹出，对着人体上部，而热空气对着脚下和除霜处。由于风量和温度多种多样，因此由风门调节空气流量的大小分别进入蒸发器和加热器，以满足不同温度、不同风量的要求。其工作模式见图 3-15。

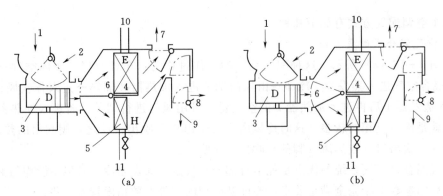

图 3-14　加热与冷却并进混合式配气系统工作原理图

(a) 混合风门在上、下方区域之间的位置；(b) 混合风门在最下方位置图

1—新鲜空气；2—内循环空气；3—风机；4—蒸发器；5—加热器；6—混合风门；7—上部通风口；
8—除霜吹出口；9—脚部吹出口；10—制冷剂进出管；11—热水阀调节进出水管

当混合风门 6 处在最上方时，混合风门 6 将关闭通往蒸发器的通道；或者当混合风门 6 处在最下方时，混合风门 6 关闭加热器的通道，如图 3-14（b）所示。这样在蒸发器 4 或加热器 5 不用时，单纯暖气或冷气不经混合直接送至各出风口。若两者都不运行，送入车内的便是自然风。

4. 半空调配气系统

新鲜空气和车内循环空气经风门调节后，先经过风机吹进蒸发器进行冷却，然后由混合风门调节，一部分空气进入加热器，冷气出口不再进行调节。其模式见图 3-16。

图 3-15　加热与冷却并进混合式
配气系统工作模式

图 3-16　半空调工作模式

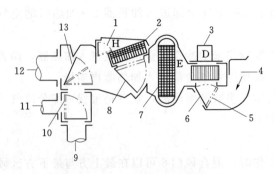

图 3-17　半空调配气系统

1—限流风门；2—加热器芯；3—风机电动机；4—新鲜空气入口；
5—新鲜/再循环空气入口；6—再循环空气入口；7—蒸发器芯；
8—混合风门；9—至面板风口；10—A/C除霜风口；11—至
除霜器风口；12—至地板出口；13—加热除霜口

同样，由风门来调节其送入车内的空气温度。若蒸发器不工作，将空气全部引入到加热器，则送出的是暖风；若加热器不工作，则送出来的全部是冷风；若两者都不工作，则送出来的是自然风，其系统结构如图 3-17 所示。

目前空气混合式使用得最多，它将空气经过蒸发器进行降温除湿处理后，通过风门将一部分空气送到加热器加热，将出来的热气和冷气再混合，可以调节人们所需要的各种温度的空气，最大的特点是效率高，节能显著。

3.2.5 汽车空调面板控制

空调控制面板装在驾驶室前壁，汽车空调配气系统各风门的位置变化主要由拉绳操纵机构、真空操纵机构或电机伺服装置控制。而操纵机构又受驾驶员面板功能键的控制，目前控制面板可分为手动控制面板和自动控制面板。

3.2.5.1 手动控制面板

手动控制面板主要有空调系统取暖、制冷、暖风或除霜等的控制，如图3-18所示为汽车空调手动控制面板。

图3-18 汽车空调手动控制面板

1—空调开关和指示灯；2—外循环；3—内、外循环切换键；4—内循环；5—温度选择键；
6—模式选择键；7—调风键；8—后窗除霜键和指示灯

图3-18手动控制面板中各键的作用见表3-2。

表3-2 手动控制面板中各键的作用

序号	作 用	序号	作 用
1	按下指示灯亮，说明空调打开，反之空调系统关闭	5	用于控制调温门的位置，可在最冷与最暖之间调节温度，当位于两者中间任意位置时，可得到不同比例的暖气与冷空气的混合空气
2	切换键靠近即为外循环	6	选择吹头、脚、头脚、脚和前窗除霜、除霜功能键
3	切换内、外循环	7	调风键主要用于控制空调器内鼓风机的转速，手动系统一般有4个调速挡，一般是通过改变串联在风机电路中的电阻来达到调速的目的
4	切换键靠近即为内循环	8	它属于一个电路开关，用于控制后风窗除霜电热丝电源的通断，指示灯用于提醒乘员不要忘记切断电源

3.2.5.2 全自动空调系统控制面板

全自动操作面板与功能全自动空调系统能充分满足驾驶员及乘坐人员对舒适性的要求，实现了对车内空气流动、车内温度及车内湿度的自动调节，并且整个操作过程通过轻触按键来完成，无需再去调节控制柄。大众、奥迪、别克等中高档轿车均采用这种控制方式，图3-19是大众迈腾全自动空调系统控制面板（双温区）。

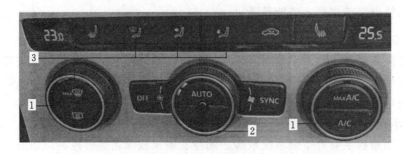

图 3-19　大众迈腾的全自动空调系统控制面板（双温区）
1—温度调节旋钮；2—鼓风机转速调节旋钮；3—空气分配按钮

图 3-19 的全自动空调系统控制面板的操控为：按压相应按钮即可打开或关闭某个相应功能，激活某个功能时按钮里的指示灯随之点亮，再按一下相应按钮即可关闭该功能，操作机构里的 LED 指示灯点亮时表示已激活相应功能。大众迈腾的全自动空调系统控制面板的操控功能见表 3-3。

表 3-3　　　　　　　　　大众迈腾的全自动空调系统控制面板的操控功能

按钮、调节旋钮	操 作 功 能
温度调节旋钮	用左右调节旋钮可分别调节车厢内左右两部分的温度。将调节旋钮旋至所需位置，设定的温度显示在空调操控面板左右两侧液晶显示屏上
鼓风机转速调节旋钮	系统自动控制鼓风机转速，也可手动调节鼓风机转速
空气分配按钮	系统自动控制送风方向，也可用按钮 3 手动切换送风方向
MAX 〰	启动除霜功能，系统将自车外吸入的空气直接吹向前风窗，同时，空气内循环运转模式自动关闭。 温度高于+4℃时为快速去除风窗上的雾气，降低空气湿度，系统将鼓风机转速提高至最高挡
➡	空气通过仪表板上的出风口吹向乘员上身
⬇	空气吹向脚部空间
〰	挡风玻璃除霜，向上送风
A/C	按压按钮即可启动或关闭空调制冷系统
MAX A/C	强劲制冷功能，迅速将车内温度降至设定温度。按压按钮 MAX A/C，接通自动空调的强劲制冷模式，此时按钮中的指示灯亮起
▲▲▲	后风窗加热器：发动机运转时按压该按钮后风窗加热器方能起作用，约工作 10min 后加热器自动关闭
🚗	启动空气内循环运转模式

按钮、调节旋钮	操 作 功 能
关闭空调系统 OFF	按压 OFF 按钮或将鼓风机转速调节旋钮旋至 0 挡。空调系统关闭时 OFF 里的指示灯点亮
SYNC	组合调节驾驶员侧和前排乘员侧的温度，如（SYNC）按钮里的指示灯点亮，则设定的驾驶员侧的温度也适用于前排乘员侧。 如按压该按钮或操作前排乘员侧温度调节旋钮设定前排乘员侧的温度，则车内左右两侧的温度可分别调节，此时按钮里的指示灯熄灭
AUTO	系统自动控制温度、鼓风机转速和空气分配。根据设定温度及外部温度信号、车内温度信号的变化量，自动调整鼓风机的吹风量、混合风门位置、A/C 状态及内/外气开关工作状态

长期处于 MAX A/C 工况可能会极大增加车辆油耗，且对于低排量的车型，在恶劣工况下可能会导致发动机功率不足。

3.2.5.3 控制与执行器的结构原理

1. 冷却液控制阀（热水阀）

冷却液控制阀装在加热器和回水管之间，用来控制进入加热器的冷却液通路。冷却液控制阀有两种：一种是拉绳钢索式控制阀，另一种是真空控制阀。

（1）拉绳钢索式冷却液控制阀使用在手动空调中，它需依靠手工移动调节键带动开关的钢索，使热水阀关闭或打开。其结构如图 3-20 所示。

（2）真空冷却液控制阀：真空冷却液控制阀的构造如图 3-21 所示。阀门的开启与关闭受一个封闭的真空膜盒控制，真空由发动机的进气歧管或真空罐引来。

供暖时，真空膜盒的右空腔与真空源导通，在两端压差作用下，膜片克服弹簧力，带动活塞一起右移，活塞将冷却液通路开启，这时发动机冷却液便流向加热器，系统处于供暖状态，

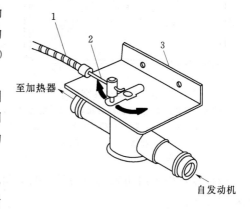

图 3-20 钢索控制的热水阀
1—护套；2—钢索；3—固定支架

见图 3-21（c）。若真空膜片盒的真空源断开，则弹簧压力通过膜片带动活塞左移，此时冷却液的通路被关闭，加热器不会发热，见图 3-21（a）。当处于半真空时，冷却液的流量则会适当减少，见图 3-21（b）。这种真空控制阀可以用在手动空调上，也可用在自动空调上。

2. 真空罐

真空罐的作用是向系统提供稳定的真空压力和储存真空，真空源一般来自发动机进气歧管。发动机工况变化时，真空度绝对压力在 $-101 \sim -33.7 \text{kPa}$ 之间变化，会影响真空系统的调控工作，一般要进行调节。

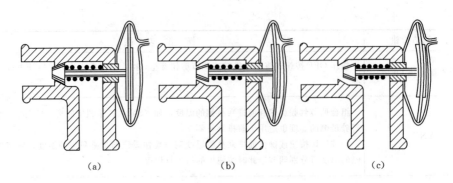

（a）　　　　　　　　（b）　　　　　　　　（c）

图 3-21　真空冷却液控制阀
（a）真空源断开；（b）半真空；（c）真空度最大

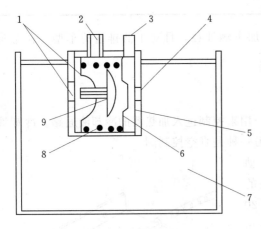

图 3-22　真空罐
1、4—气孔；2—发动机歧管接口；3—真空出口；
5—真空保持器；6—膜片；7—真空罐；
8—弹簧；9—空心膜阀

真空罐的结构如图 3-22 所示，由真空室和真空保持器组成。真空室是一个金属罐，内装一个真空保持器，其工作原理如下。

真空保持器内有一个空心膜阀和膜片，将其分成 3 个腔。中腔与发动机进气管相连，右腔分别与真空室和真空执行系统相连。当发动机真空度大于真空罐时，将空心膜阀膨胀右移，接通真空室，使其真空度提高。同时膜片克服弹力左移，使真空室与真空执行系统的气口打开，形成通路。当发动机真空度小于真空罐时，空心膜阀外面压力将其压扁，关闭与真空室的通路，同时膜片右移，关闭气口，保持罐内真空度。

3. 真空驱动器

真空驱动器的功能是将真空信号转变成机械信号，用于启闭风门和阀门，其实质是一个真空膜盒，根据结构，可分为单膜片式和双膜片式。

（1）单膜片真空驱动器外形与内部结构如图 3-23 所示，主要由弹性膜片、弹簧、与膜片固定的连杆组成。连杆只有两个位置，当膜盒通过胶管接通真空时，膜片克服弹力将连杆上拉；当切断真空源时，弹簧推动膜片使连杆复位。用于控制风门的启闭。

（2）双膜片真空驱动器外形与内部结构如图 3-24 所示，它由两个膜片、两组复位弹簧、与一个膜片固定的连杆组成，连杆有 3 个位置。当 A 室有真空时，连杆提升一半；两室（A 室、B 室）都有真空时，连杆移到最上端；若无真空时，连杆则位于最下端，分别可使风门处于全开、半开或全闭位置。

4. 真空选择器

真空选择器的作用是根据空调器控制的需要，选择调配真空源与多个真空驱动器的连接，控制整个真空系统的工作，它实际上就是手动真空管路的转换开关。

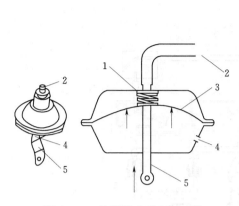

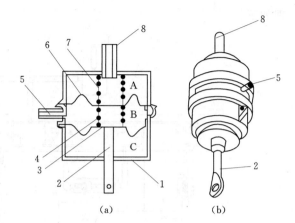

图 3-23　单膜片式真空驱动器

（a）外形；（b）内部结构

1—复位弹簧；2—真空接口；3—膜片；

4—气孔；5—连杆

图 3-24　双膜片式真空驱动器

（a）内部结构；（b）外形

1—气孔；2—连杆；3—B室膜片；4—B室弹簧；

5—中阀B室真空接口；6—A室膜片；

7—A室弹簧；8—真空接口

真空选择器主要构造为橡胶圆盘上开有若干圆弧槽，分配真空通路和真空驱动器通路的通断。通过机械连杆与面板功能键相连，当移动功能选择键时，带动圆盘转动，关闭或接通相应的真空气路，控制真空执行器动作，实现各风门的开闭。

5．真空管路

真空管路一般采用不同颜色的真空橡胶管，分接不同的通路。通常白色胶管用于连接外来空气口；蓝色胶管连接进气风门和上风门；红色胶管用在全真空；黄色胶管连接中风门和除霜门。通常真空管路捆在一起作为一个整体，就像一组线束。

3.2.5.4　配气系统的结构与工作原理

汽车空调配气系统的基本结构有手动真空操作系统、半自动真空操作系统和全自动电控真空操作系统。

全自动电控真空操作系统采用微电脑控制空调的工作过程，其配气系统的操作方式和执行器的结构与手动真空操作系统、半自动真空操作系统有较大区别。

对于手动真空操作系统、半自动真空操作系统而言，虽然从汽车空调整体结构和控制电路上有较大区别，但其配气系统的工作原理和控制过程并无严格区分，所不同的只是手动真空操作系统对风门、阀门的控制，部分采用钢索连动结构；半自动真空操作系统则全部采用真空控制结构。它们的共同特点是对系统的操作都是依靠人工转换空调面板的控制开关，而配送气的工作则通过真空执行器来完成。

以图 3-25 所示典型的半自动真空操作配气系统为例，介绍其基本结构与工作原理。图中真空控制部件包括真空罐、真空选择器、真空执行器和真空管路。其中真空选择器受面板的功能选择键控制，共有 OFF、MAX、NORM、BI-LEVEL、VENT、HEATER、DEF①～⑦个功能位置（表 3-4）等。真空执行器包括气源门真空驱动器、热水阀真空驱动器、上风口和中风口真空驱动器、下风口真空驱动器等。配气部件包括气源门、蒸发器、加热器、调温门、上下风门等。调温键直接控制调温门的位置。具体控制原理如下。

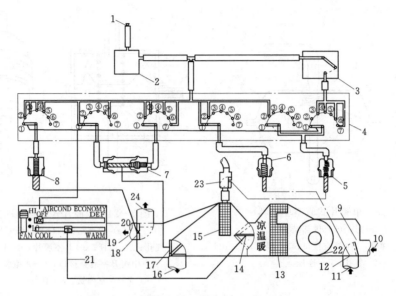

图 3 - 25　半自动空调系统的真空控制结构图

1—进气歧管接口；2—真空罐；3—调温键在 COOL 时，热水阀真空切断；4—真空选择器；5—热水阀
真空驱动器；6—气源门真空驱动器；7—下风口真空驱动器；8—上风口和中风口真空驱动器；
9—在 MAX 功能时设计规定新鲜空气占 20％的外来空气口开启位置；10—外来空气口；
11—车内循环空气风口；12—外来空气口阀门；13—蒸发器；14—调温门；
15—加热器芯；16—下风口；17—下风口阀门；18—中风口和上风口
阀门；19—中风口；20—空调控制面板；21—调温门拉索；
22—空调风机；23—热水真空阀；24—上风门（除霜门）

表 3 - 4　　　　　　　　　　　　　　　　空调功能键说明

序号	功能键位置	功能	序号	功能键位置	功能
①	OFF	停止	⑤	VENT	通风
②	MAX	最冷	⑥	HEATER	暖气
③	NORM	正常空调	⑦	DEF	除霜
④	BI - LEVEL	双层出风			

（1）当功能键位于 OFF（关闭）位置时，真空选择器位于①，真空驱动器 6 和真空驱动器 7 左侧有真空作用，使气源门关闭车外空气循环通道，同时下风口关闭。其余真空驱动器无真空作用，关闭热水真空阀和中风口，但除霜门打开。

（2）当功能键在 MAX（风最大）位置时，真空选择器处于位置②，真空驱动器 6 有真空作用，气源门在设定位置上，让 80％的车内循环空气和 20％的车外空气混合进入空调器。真空驱动器 7 右端有真空作用，下风门关闭，下风口关闭。真空驱动器 8 有真空作用，打开中风口，关闭上风口，冷气直吹人体上部。真空热水阀通断受调温键控制，此时调温键置于 COOL 位置，关闭热水阀。如将调温键移开 COOL 位置，则热水阀工作，让冷却水进入加热器。

（3）当功能键在 NORM（A/C）位置时，真空选择器位于真空切断器③。真空驱动器 6 无真空作用，则气源门关闭车内循环空气，打开车外空气通道。真空驱动器 7 为右侧有真空作用，关闭下风门。真空驱动器 8 有真空作用，打开中风门，关闭上风门。调温键只要离开 COOL 位置，热水阀驱动器有真空作用，加热器有冷却水循环。由于移动调温键，调温门在拉绳作用下打开通向加热器的冷空气，调温键移动位置越大，空调温度越高。

（4）当功能键位于 BI‐LEVEL 位置时，真空选择器在位置④，真空驱动器 6 无真空作用，气源门打开，让车外空气进入，车内循环空气关闭。真空驱动器 7 两端均无真空作用，下风门处于半开状态；真空驱动器 8 有真空作用，关闭上风门，将中风门打开。真空驱动器 5 有真空作用，热水阀打开，加热空气。此时压缩机工作，空调风从中风口和下风口两层吹入车内。

（5）当功能键位于 VENT（通风）位置时，真空选择器处于位置⑤。真空驱动器 6 无真空作用，气源门让车外空气进入。真空驱动器 5 无真空作用，将热水阀关闭，加热器无冷却水循环。真空驱动器 7 右侧有真空作用，左侧无真空作用，则关闭下风门；真空驱动器 8 有真空作用，则上风门关闭，打开中风门。此时压缩机不工作，外来空气既不被加热，也不被冷却，从中风口直接送入车内。

（6）当功能键位于 HEATER（暖风）位置时，真空选择器位于⑥，真空驱动器 6 无真空作用，气源门关闭车内循环空气口，打开车外空气进入口；真空驱动器 7 左侧有真空作用，右侧无真空作用，下风口打开；真空驱动器 8 无真空作用，中风口关闭，上风口打开；真空驱动器 5 有真空作用，热水阀开启，加热器有冷却水循环；车外空气没有降温，但被加热，从上风口吹向挡风玻璃，从下风口吹向脚部。

（7）当功能键在 DEF（除霜）位置时，真空选择器位于⑦，真空驱动器 6 无真空作用，气源门使外来空气送入，关闭车内空气循环；真空驱动器 7 的右侧有真空作用，左侧无真空作用，故下风门关闭；真空驱动器 8 无真空作用，中风门关闭，上风门打开；真空驱动器 5 有真空作用，热水阀开启，加热器工作。被加热的车外空气吹向挡风玻璃除霜。

目前国内外大部分中档轿车（如桑塔纳 2000 型、切诺基）和部分中高档轿车（如别克、奥迪）均采用上述半自动真空控制的配气系统。

3.3 习　　题

3.3.1 简答题

1. 简述汽车空调采暖系统的作用。
2. 试述空气加热式暖气装置的工作原理。
3. 为什么要对汽车内部进行通风？
4. 简述汽车内部空气净化的方法。

3.3.2 能力训练题

简述通过手感检查空调系统故障的方法。

3.3.3 选择题

1. 空调系统哪种模式可将车外环境空气不经空调带入车内？（　　）

A. MAX　　　　　B. NORM　　　　　C. VENT　　　　　D. DEF

2. 空调系统 BI‒LEVEL 档可将车内空气输送至（　　）。

A. 面板和下风门　　　　　　　　B. 面板和除霜风门

C. 除霜和下风门　　　　　　　　D. 面板、下风口和除霜风门

3. 汽车空调检测合格出风口温度范围应为（　　）℃。

A. 0～4　　　　　B. 4～10　　　　　C. 10～15　　　　　D. 15～20

3.4 拓 展 阅 读

汽 车 空 调 的 清 洁

清洗汽车空调，不仅是清洗空调格或更换空调滤清器，更重要的是全面检查汽车空调。夏季雨水天气多，汽车空调在雨天行车涉水的情况不可避免，会使空调冷凝器下部沾上许多泥沙，此外，空调的鼓风机、风道等处会附着很多灰尘及其他污垢，遇雨水容易发霉，滋生大量的病菌，并且在风道中散发出异味，这些都会随着空调的运转传播到汽车内，对人的皮肤和呼吸系统造成危害。因此，夏季对汽车空调的清洁保养工作是不能忽视的，主要部件是蒸发器、滤清器以及空调的通风管道。

3.4.1 汽车空调冷凝器的清洁

冷凝器位于汽车的最前部，经常会有尘土、柳絮、树叶和小昆虫等附着在上面，容易引起冷凝器的散热不良，如果温度过高，自然造成系统内的压强升高，当压强高到一定的程度空调压缩机就停止工作，即过压保护。清洗时，先用高压气枪吹，即把气管对准冷凝器表面的散热片吹，然后再用自来水冲洗，其好处是能把气枪吹不到的隐蔽处的尘土用水冲走。清洗时要注意三点：①切勿使用高压水枪，否则容易损坏散热翅片，降低散热效果；②除了清洁冷凝器的表面，还需清理冷凝器和散热器之间的缝隙，如果这里的缝隙堵塞严重，往往会造成发动机水温过高，同时影响制冷效果；③要注意不能把水冲到机器仓内的电器部位和高压电路，不然会造成电路短路或者失效。

3.4.2 汽车空调蒸发器的清洁

空调蒸发器是依靠铝翅片来交换热量，使用时间长了，铝翅片上会积满污垢，这些污垢是病菌的载体，空调不工作时，病菌在铝翅片上；当空调工作时，铝翅片上污垢中的微生物、病菌弥散飞扬，成为多种疾病的致病源，所以清洁蒸发器的关键部位是铝翅片。清洁蒸发器需要采用专用清洁剂，方法是定期从进风口喷入清洗剂即可。车用的清洁剂为压缩泡沫型，手枪式的喷雾方式使用起来简单方便。随着蒸发器清洁剂喷入风口，其产生的大量细泡沫就能深入到空调箱体中，然后长时间地吸附在蒸发器表面，不用拆洗就能轻松彻底地清除蒸发器的污垢，杀掉细菌且去除异臭味，清洁剂还能能够在蒸发器铝翅片上形成亲水保护膜，有助于提高汽车空调的制冷效果。

3.4.3　汽车空调通风管道的清洁

汽车空调通风管道是经常发霉的地方，也是细菌滋生的温床，所以通风管道的清洁也是一项重要的工作，根据不同程度的污染，选择不同的清洁方式。

（1）对于污染和异味并不严重的空调风道，可把车置于太阳底下，让空调系统处于暖风挡，然后将风量开至最大，在车门车窗全开的状态下晒上十几分钟。这样既可以利用紫外线对车内来次大消毒，也能让热风把送风道内的脏空气做个彻底的循环流通。此举的好处是不用成本的清洁工作，而缺点是只能去除较弱的风道异味。且风道内如果有细菌的话还是会留下一定的隐患。

（2）使用空调风道清洗剂。现在市场上有很多种清洗风道的杀菌剂，价格几十元到上百元不等，可根据需要进行选购。清洗的方法也很简单，将车停在空气环境良好的地点后，打开外循环开关将空调开至自然换气挡，然后将清洗剂对准送风口均匀喷入风道，如图 3 - 26 所示，过几分钟后开窗开空调彻底通风即可。

（3）以上两种方法都是适用于污染不算很严重的汽车空调风道，如果是长时间未清洗过风道的车辆，最好还是做一次彻底的蒸汽杀菌或光触媒更加见效。（注：光触媒是一种以纳米级二氧化钛为代表的具有光催化功能的光半导体材料的总称，它涂布于基材表面，在光线的作用下，产生强烈催化降解功能。能有效地降解空气中

图 3 - 26　采用清洗剂清洗风道

有毒有害气体，杀灭多种细菌，并将细菌或真菌释放出的毒素分解及无害化处理，同时还具备除臭、抗污、净化空气等功能。）

3.4.4　汽车空调滤清器的清洁

空调滤清器是很容易被忽视的地方，空调滤清器是需要定时清洗和更换的，若是一直使用变脏的空调滤清器，不仅起不到过滤脏空气的作用，还会对进入车内的新鲜空气造成二次污染，所以想要彻底清洗汽车空调，一定要注意解决这个关键的源头问题。

清洁滤清器时是使用压缩空气自下而上进行清洁，如图 3 - 27 所示。使用气体喷射

图 3 - 27　汽车空调
滤清器的清洁

枪，让气枪与滤清器之间保持 5cm 的距离，并以 500kPa 的力量吹大约 2min，然后将清洁好的滤清器放在日光下晒几个小时，随后装回原位即可达到清洁、除异味的效果了，但对于已经污染严重的滤清器则需要彻底更换。清洁时需要注意：不能用水清洁滤清器，这样会造成滤清器的损坏；另外在清洁或更换空调滤清器的时候，必须先关闭空调系统。

空调滤清器的更换时间和周期一般为汽车行驶 8000～10000km 时更换，也可根据行车的外界环境来定，如果环境干湿度对比大，常年气候干燥，风沙大，可提前更换，此外

对于常在车内吸烟的车主，要更加注意勤换空调滤清器。汽车空调滤清器的位置一般都装在汽车的副驾驶舱前的玻璃下仓位置，因为它的拆装和操作过程都非常简单，可轻易拆卸及更换。

项目 4　汽车空调控制系统检修

教　学　准　备			
序号	名称		内　　容
1	学习目标	知识目标	（1）理解汽车空调的控制装置的结构及原理； （2）会看汽车空调电路图； （3）学会分析汽车空调的电路图
		技能目标	（1）能对空调系统常见故障进行检查和排除； （2）会空调系统控制装置检查和维护的操作技能； （3）能根据电路图检查空调电路的故障并排除
2	教学设计		在课堂上讲述汽车空调控制装置的结构和工作原理，然后在实训场对汽车空调实训台和实车等实物进行讲解和操作；演示检修的操作方法和步骤，最后将学生分成若干组进行相应的实训项目操作
3	教学设备		帕萨特自动空调实训台两台，桑塔纳手动空调实训台两台，桑塔纳 2000 型一辆，别克君威一辆，大众朗逸两辆，上海大众 POLO 两辆，温度表、万用表、压力表组、真空泵、制冷剂等一些常用工具和材料

4.1　实　操　指　导

实操目的：①掌握空调系统的故障检查方法和程序；②掌握空调系统的维护与常规检查操作技能。

实操过程：①直观检测汽车空调系统，然后用压力表组检测系统压力；②设置一些故障，如压缩机不工作或空调系统制冷不足等，并进行检测排除，同时说明对汽车空调系统故障诊断的一般流程。

4.1.1　汽车空调系统基本诊断检测

1. 基本判断

基本方法是指根据看、听、摸等方式直观感觉到故障的部位。

（1）看。一般大客车空调制冷系统的高压液路上单独设有一个玻璃观察窗，小型车的观察窗一般安装在干燥过滤器罐上。空调系统运行过程中，通过系统的玻璃观察窗，可以大致判断制冷流量是否合适，如图 4-1 所示。

1）如果观察窗内气泡持续流出，制冷剂几乎像飘舞一样，说明系统内的制冷剂很少。此时高压侧与低压侧几乎没有温差。

2）如果有少量气泡以 1～2s 的间隔间隙性地出现，说明系统内的制冷剂不充分。此

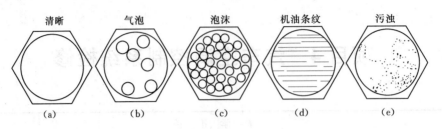

图 4-1 视液窗观察制冷剂量

(a) 过量；(b) 合适；(c) 不足；(d) 冷冻油过多；(e) 杂质

时高压侧温热，低压侧微凉。

3）如果观察窗大体上透明，仅在提高或降低发动机转速时，偶尔出现气泡说明系统内制冷剂量适当。此时高压侧热（压缩机出口处温度约为 70℃），低压侧凉（压缩机入口处温度约为 5℃）。

4）系统内制冷剂过多时，在系统其他条件都正常的情况下，从观察窗完全看不到气泡。这种结果与制冷剂适量条件下所观察到的结果没有明显差异，但此时高压侧温度较正常高。

5）若有长串油纹，说明冷冻油量过多，若油渍是黑色的，说明冷冻油变质、污浊，必须清洁制冷系统。

6）通过系统观察窗观察时应注意，干燥过滤器滤网堵塞时，即使制冷剂量正常，也会出现气泡，但这时用手摸干燥过滤器出口侧管路，感觉是凉的。此外，从观察窗所看到的气泡是受温度影响的，外界气温高时易出现气泡。加制冷剂时系统为抽真空，若混入空气，观察窗内也会看到气泡。

7）观察冷凝器、蒸发器及管路连接处是否有油污，如有则说明有制冷剂和冷冻润滑油泄漏。

（2）听。就是听各部件运转的声音是否有异常，主要包括以下几种情况。

1）听压缩机运转时有无杂音，是否有异常，有则不正常。

2）听鼓风机、冷凝风扇电动机等运转时是否有杂音，有则不正常。

3）若有皮带声，说明皮带打滑。

4）若有刺耳声，则为电磁离合器磁力线圈老化，磁吸力不够，离合器片打滑所致。

作为维修人员，还应当仔细了解、听取驾驶人员对故障现象的描述。

（3）摸。当制冷系统及其主要部件出现故障时，常会导致系统管路及主要部件的外表温度出现异常。因此，根据外表温度的变化，可以粗略地判断系统的工作状态及主要部件性能的好坏。在具体检查时，可用触摸手感的方法进行判断。开启制冷系统 15～20min 后，用手触摸系统部件，感受其温度。

1）摸制冷系统的高、低压管，高压管烫手、低压管冷或冰手为正常。

2）冷凝器进、出口管应有温差，出口管温度应低于进口处的温度。

3）储液干燥器进、出口温度的比较：进口温度与出口温度相等时，表示冷气系统正常；进口温度低于出口温度时，表示制冷剂不足；进口温度高于出口温度时，表示制冷剂过多。

4）用手感觉空调出风口吹出的风有冰凉的感觉为正常。

5）膨胀阀进、出口温差明显。

6）用手摸各管接头及电器插座插头是否松动。

注意：在用手触摸高压区部位时要防止烫伤。如果压缩机高、低压侧之间没有明显温差，则说明制冷剂泄漏严重。

2. 压力表组检测

通过看、听、摸诊断方法的同时，如果能够使用压力表测出制冷循环系统高、低压两侧的压力，将使判断的结果更为准确。例如在制冷剂严重不足时，高、低压表指示值比正常低很多；制冷剂不足时，高、低压表指示值比正常略低；制冷剂适量时，高、低压表指示值均正常；制冷剂过多时，高、低压表的指示值都比正常高，此外，系统内混入空气时，高、低压两侧压力都过高，高压表抖动强烈。干燥过滤器堵塞时，低压表的指示值比正常低，高压表的指示值则比正常高很多。但是，利用压力表检查压力时应注意，制冷系统内的压力也是随着温度的变化而变化的。外界气温升高，高、低压压力均升高；气温下降，高、低压压力均下降。

制冷系统工作时，内部压力变化与温度是密切相关的，这正是进行仪表诊断的依据。我们可根据压力的变化情况，进一步诊断出系统可能出现故障的原因及部位。对于制冷系统而言，歧管压力表组是最常用的工具。

（1）诊断方法。首先将压力表组的高、低压手动阀关闭，然后将压力表组的高、低压软管分别连接到系统的高、低压检修阀上，并利用系统内的制冷剂压力排除管内空气。启动空调系统，待压力表指示稳定后即可读取压力值。

（2）诊断标准。

1）R-134a 空调系统压力正常范围。表读数：低压侧 0.15～0.25MPa；高压侧 1.37～1.57MPa。

2）R-12 空调系统正常工作压力范围。表读数：低压侧 0.15～0.2MPa；高压侧 1.45～1.5MPa。

根据车型不同，测试工况不同，压力范围略有差异。

4.1.2 汽车空调常见故障诊断及排除
4.1.2.1 空调系统的故障与排除

空调系统的故障大致可分为 3 类：制冷剂不足或不制冷；断续工作；噪声过大。主要表现为制冷系统、电气系统和机械零件出现异常，必须及时排除，才能保证或维持其正常运行。

4.1.2.1.1 汽车空调故障分析

制冷系统的故障，经常用系统内各部的压力进行分析，制冷效果、制冷剂泄漏也是分析事故的重要依据；电气系统方面的故障表现为：电气元件损坏、熔丝烧断、触点接触、过载烧坏、电动机不工作等，这些故障使制冷循环停止工作，并且常伴有异味、过热等现象；机械零件的故障常为压缩机、风机、带轮、离合制冷系统的故障，机械零件出现异常一般为压缩机、风机、皮带轮、离合器、膨胀阀、轴封、热交换器、轴承、阀片等出现故障。

1. 压缩机不工作

制冷压缩机不能工作的原因及其排除方法见表 4-1。

表 4-1　　　　　　　　　　　　　制冷压缩机不能工作的原因及其排除方法

序号	可能的原因	故障排除方法
1	电器元件接触不良，保险丝熔断，空调开关坏，继电器内线圈脱焊，地线接触不良	检查电器元件，焊牢接线，更换损坏元件
2	电磁离合器有故障	拆下离合器检查修理或更换离合器
3	外界气温过低	检查低温（低压）保护开关
4	恒温器调定值太高，而室温又很低	将恒温器转至最低温度挡检查
5	制冷剂完全泄漏	检查制冷剂量，补漏并加制冷剂、冷冻油，检查低压保护开关
6	怠速提高装置有故障，怠速没有提高	检查怠速提高装置并调整、修理
7	热敏电阻不对	检查热敏电阻
8	压缩机轴承烧坏或缺油	拆下压缩机，更换轴承或按规定加油，或更换
9	压缩机的皮带过松或断裂	张紧或更换皮带

2. 空调系统不制冷，或制冷量不足等故障排除

首先，应安装好各种量表，根据各量表的情况再结合外部的检查，判定引起故障的原因，然后，参阅表 4-2 的各种故障现象、产生原因及排除的方法，予以排除或修理。

表 4-2　　　　　　　　　　　　　空调系统故障排除表

故障现象	产 生 原 因	排 除 方 法
系统不能产生冷空气，失去制冷作用	（1）驱动皮带太松或皮带断裂； （2）压缩机不工作，皮带在皮带轮上打滑，或者离合器接合后皮带轮不转； （3）压缩机阀门不工作，在发动机不同转速下，高、低压表读数仅有轻微变动； （4）膨胀阀不能关闭，低压表读数太高，蒸发器流液； （5）熔断器熔断，接线脱开或断线，开关或鼓风机的电动机小； （6）工作制冷剂管道破裂或泄漏，高、低压表读数为零； （7）储液干燥器或膨胀阀中的细网堵死，软管或管道堵死，通常在限制点起霜	（1）拉紧皮带或更换皮带； （2）拆下压缩机，修理或更换； （3）修理或更换压缩机阀门； （4）更换膨胀阀； （5）更换熔断丝，导线，修理开关或吹风机的电动机； （6）换管道，进行系统检漏，修理或更换储液干燥器； （7）修理或更换储液干燥器
冷空气量不足	（1）压缩机离合器打滑； （2）出风通道空气不足； （3）鼓风机的电动机运转不顺畅； （4）外面空气管道开着； （5）冷凝器周围的空气流通不够，高压表读数过高； （6）蒸发器被灰尘等异物堵住； （7）蒸发器控制阀损坏或调节不当，低压表读数太高； （8）制冷剂不足，观察窗处有气泡，高压表读数太低； （9）储液干燥器细网堵住，高低压表读数比正常高或低； （10）系统有水气，高压侧压力过高； （11）系统有空气，高压表值过高，观察窗处有气泡或呈云雾状	（1）拆下离合器总成，修理或更换； （2）清洗或更换空气滤清器，清除通道中的阻碍物，排顺绕住的空气管； （3）更换电动机； （4）关闭通道； （5）清洁发动机散热器和冷凝，安装强力风扇、风扇挡板或重新摆好散热器和冷凝器的位置； （6）清洗蒸发器管道和散热片； （7）按需要更换或调节阀门； （8）向系统充注制冷剂，直至气泡消失、压力读数稳定为止； （9）清除系统，更换储液干燥器； （10）清除系统，更换储液干燥器； （11）清除，抽气和加制冷剂

故障现象	产 生 原 因	排 除 方 法
系统间断制冷	(1) 压缩机离合器打滑； (2) 电路开关损坏、鼓风机的电动机开关损坏； (3) 压缩机离合器线圈松脱或接触不良； (4) 系统中有水气，引起部件间断结冰	(1) 拆下压缩机，修理或更换； (2) 更换损坏部件； (3) 拆下修理或更换； (4) 更换膨胀阀或储液干燥器
鼓风机不转	(1) 熔断器熔断或开关接触不良； (2) 鼓风机电机损坏； (3) 鼓风机调速电阻损坏	(1) 检查熔断器和开关，用细砂纸轻擦开关触点； (2) 修理或更换； (3) 更换

4.1.2.1.2 电路故障的排除

汽车空调电路故障是经常发生的，当空调开启后，如乘客室内没有风送入，很可能就是电路故障。但有些电路故障，如电磁离合器不吸合、冷凝器抽风机不运转、高压开关动作频繁等，是制冷剂循环而引起的，因此分析电路故障时，必须和制冷循环结合起来判断。

常见电路故障及检查与排除方法如下。

1. 接触不良

电路接触不良表现为电器时而工作、时而不工作，即使工作也达不到性能要求，这种情况较为普遍。一般用电量大的电器易查出，用电量小的电器困难一些，但只要耐心细致，也是不难查出的。如故障为鼓风机转速不够，时转时不转。检查方法如下：①看与之相关的电路或电动机是否有不正常的发热现象；②用手摇动熔断器接头，部件是否接触不好；③观察各部件长期使用后是否受潮、锈蚀，导电不良或损坏。也可用试灯笔进行检查，如插头前发光正常，插座后发光度差，即可确定连接器为故障之处。

2. 断路故障

断路也叫开路，就是电路中没有电流，这种故障在空调电路中也比较常见。如因接触不良引起，检查方法如前述。如线路被车体刃角切断或抖动而断裂从而引起断路，可用试灯笔逐级检查，也可用切分法进行检查。用试灯笔测出两个部件间断路后，再用试灯笔的锥尖扎入导线内进行检查，如系负极开路，可将试灯笔夹在正极上进行检查，也可用万用表配合试灯笔尖锥进行检查。

3. 搭铁故障

搭铁故障的现象为，装上熔丝后立即被烧断。千万注意不要任意增大熔丝的电流或用粗铜线代替熔丝，否则会烧坏线路和电器。搭铁故障的排除，可用搭铁观察器进行。

（1）检查各电器部件。首先将熔丝盒外壳打开，把烧坏的熔丝拔出，把合适电压的故障观察器插入，开启电源，搭铁故障观察器的小灯泡就会发亮。把电路中的有关部件逐个拔出或卸掉，观察小灯亮度是否减弱或熄灭；如小灯亮度仍然不变，把部件装回原处，继续取掉下一极电器部件，直到灯泡亮度发生变化，找出搭铁处为止，并更换这个部件。

（2）检查线路。如果所有的部件都试过，灯泡亮度不亮，或灯泡亮度发生变化，部件是良好时，可确定搭铁故障在线路上，一般是线路被车内金属磨破所致。这时可以摇动分支线路和主线路，直到发现小灯泡亮度发生变化时，可断定故障就在摇动线路附近，仔细观察找出破损之处。

4.1.2.2 空调系统故障实例的诊断流程

1. 空调系统不制冷

(1) 故障现象。启动发动机并稳定在 1500r/min 左右运行 2min，打开空调开关及鼓风机开关，冷气口无冷风吹出。

(2) 故障原因。

1) 熔断器熔断，电路短路。

2) 鼓风机开关、鼓风机或其他电器元件损坏。

3) 压缩机驱动皮带过松、断裂，密封性差或其电磁离合器损坏。

4) 制冷剂过少或无制冷剂。

5) 储液干燥器（或积累器）、膨胀阀滤网（或膨胀管）、管路或软管堵塞。

6) 膨胀阀感温包损坏。

(3) 故障诊断流程。空调系统不制冷分风机不工作出风口无风和风机工作正常两种情况，而风机工作正常，又可能有压缩机工作和压缩机不工作两种现象。系统不制冷的故障诊断流程如图 4-2 所示。

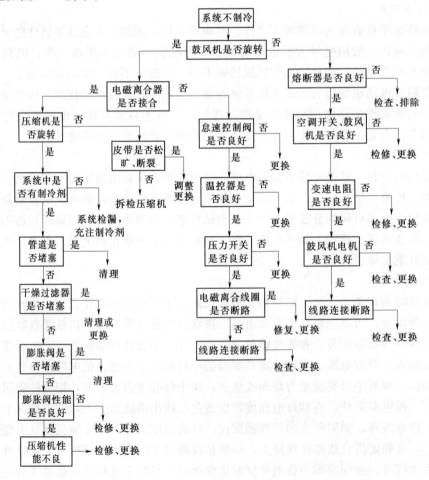

图 4-2 空调系统不制冷诊断流程图

2. 空调系统异响或振动

（1）故障现象。空调系统进行工作时，发出异常的声响或出现振动。

（2）故障原因。

1）压缩机驱动皮带松动、磨损过度，皮带轮偏斜，皮带张紧轮轴承损坏等。

2）压缩机安装支架松动或压缩机损坏。

3）冷冻机油过少，使相对运动的配合副处出现干摩擦或接近干摩擦。

4）由于间隙不当、磨损过度、接合表面油污、蓄电池电压低等原因造成电磁离合器打滑。

5）电磁离合器轴承损坏，线圈安装不当。

6）鼓风机电机磨损过度或损坏。

7）系统制冷剂过多，工作时产生噪音。

（3）故障诊断流程。空调系统异响或振动的故障诊断流程如图4-3所示。

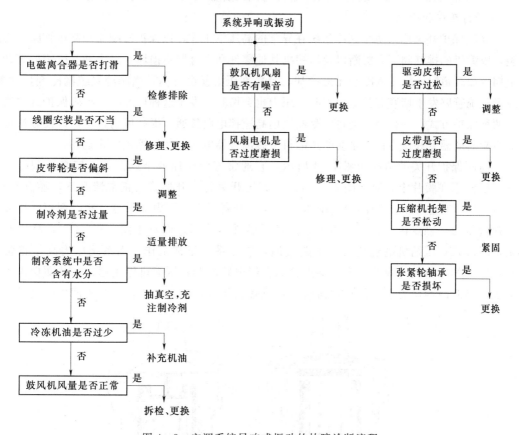

图4-3 空调系统异响或振动的故障诊断流程

4.2 相 关 知 识

4.2.1 汽车空调的控制

为保证汽车空调系统正常工作，维持车内所需要的温度，汽车空调系统需要一整套的环境温度控制、送风量控制以及制冷工况的温度控制、压力控制、流量控制和相关的电路。它包括传感器、控制器和执行器等装置。控制装置分为机械控制和电气控制，而且两者相互融合。保护装置的主要作用是，当空调系统出现压力、温度、电气元件上作电流过大等不正常情况时，便立即停止系统的工作，防止系统及部件损坏。

汽车安装了空调系统，特别是非独立式空调系统，需要消耗发动机的动力和电源，这影响了发动机的动力性和经济性，从而会影响汽车运行的工况。为了保证汽车运行时空调系统的工作不会严重影响发动机的各种工况，还必须设置汽车工况控制装置和相关电路。

4.2.1.1 汽车空调系统控制元件

4.2.1.1.1 高、低压保护开关

高、低压保护开关是空调系统的重要元件，它们的作用是保证系统在压力异常的情况下启动相应的保护电路，或者切断压缩机电磁离合器线圈，防止损坏系统部件。

1. 高压保护开关

高压保护开关用来防止制冷系统在异常的高压下工作，以保护冷凝器和高压管路不会爆裂，压缩机的排气阀不会折断以及压缩机其他零件和离合器不损坏。当冷凝器被污垢等杂物阻挡冷却风道时，由于制冷剂无法冷却，制冷剂压力便会升高；当制冷系统制冷剂量过多，或者系统管路发生堵塞等其他原因时，压力也会增高。发生这种情况时，高压保护开关通常有两种保护方式：一是会自动将冷凝器风扇高速挡电路接通，提高风扇转速，以便较快地降低冷凝器的温度和压力；二是切断压缩机电磁离合器电路，使压缩机停止运行。

高压保护开关的结构如图4-4所示，它通常安装在储液干燥器上，使高压制冷剂蒸气直接作用在膜片上。对于图4-4（a），高压开关是常开形式，正常情况下，触点断开，冷凝器风扇停止工作。当制冷系统压力异常，升高至工作压力上限时，制冷剂蒸气压力大于弹簧压力，触点接通，冷凝器风扇高速运转强制冷却。而对于图4-4（b），高压开关是常闭形式，压缩机电磁离合器电路接通，制冷系统正常工作。当系统压力高于正常值时，制冷剂压力大于弹簧压力，触点将离合器电路断开，压缩机停止运行，从而保护了压缩机。当制冷剂压力下降到正常值时，触点重新闭合，电路接通，压缩机即可恢复运行。

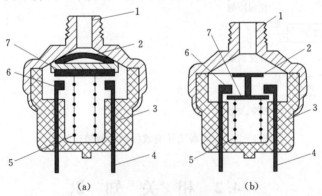

图4-4 高压保护开关结构

（a）常开型高压开关；（b）常闭型高压开关

1—管路接头；2—膜片；3—外壳；4—接线柱；5—弹簧；6—固定触点；7—活动触点

2. 低压保护开关

当制冷系统的制冷剂不足或泄漏时，冷冻润滑油也有可能随着泄漏，系统的润滑便会不足，压缩机继续运行，将导致严重损坏。低压保护开关的功能就是感测制冷系统高压侧的制冷剂压力是否正常。低压保护开关的结构如图4-5所示。它通常用螺纹接头直接安装在系统管路高压侧。当制冷剂压力正常时，活动触点接通压缩机电磁离合器电路；当压缩机排出的制冷剂压力过低时，低压保护开关会自动切断电磁离合器电路，压缩机停止运行，以保护压缩机不会损坏。

低压保护开关还有一个功能，就是在环境温度较低时，会自动切断离合器电路，使压缩机在低温下自动停止运行，这样可减少动力消耗，达到节能的目的。

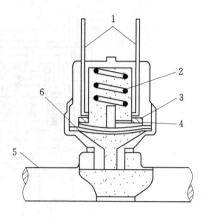

图4-5 低压保护开关
1—导线；2—弹簧；3—活动触点；
4—支座；5—压力导入管；6—膜片

低压保护开关作用的原理如下：当外面环境温度过低时，冷凝温度亦低，相应的压缩机排出的制冷剂的温度和压力也低。如温度（环境）低于某一温度时，低压保护开关会使制冷系统自动停止工作。

还有一种低压保护开关安装在制冷系统的低压端，是用来控制蒸发器的压力不致过低而结冰，保证制冷系统工作。在循环离合器孔管系统（CCOT）中，为控制压缩机工作循环，在热旁通阀系统中，除了用恒温开关、热敏电阻来控制电磁旁通阀的通路外，还可采用低压开关来控制。这时，低压开关装在蒸发器的出口处，以感测其压力。当蒸发器压力过低时，低压保护开关将电磁旁通阀的电路接通，电磁旁通阀开始工作，让一部分高压制冷剂蒸气通过旁通阀流到压缩机吸气口，使蒸发器压力回升，以防止其结冰。当蒸发器压力上升到一定量值时，低压保护开关又切断其电路，系统恢复正常的制冷工作。这种用低压开关控制的电磁旁通阀系统一般用在大、中型客车的空调系统中。

3. 高低压组合保护开关

新型的空调制冷系统是把高、低压保护开关组合成一体，安装在储液器上面。这样既可减少重量和接口，又可减少制冷剂泄漏的可能性。图4-6是高、低压组合保护开关的结构图，其工作原理如下。

当高压制冷剂的压力正常时，压力应在0.423～2.75MPa之间，金属膜片和弹簧力处在平衡位置，高压触头14、15和低压触头1、2、6、7都闭合，电流从触头6、7到高压触头14、15后再到触头1、2出来。当制冷压力下降到0.423MPa时，弹簧压力将大于制冷剂压力，推动低压触头1、2和6、7脱开，电流随即中断，压缩机停止运行，如图4-6（a）所示。反之当压力大于2.75MPa时，蒸气压力将整个装置往上推到上止点。蒸气继续压迫金属膜片上移，并推动顶销将高压动触头14与高压静触头15分开，将离合器电路断开，压缩机停止运行，如图4-6（b）所示。当高压端的压力小于2.75MPa时，金属膜片恢复正常位置，压缩机又开始运行。

4.2.1.1.2 过热限制器

过热限制器主要用于控制压缩机温度过高时，切断电磁离合器的电路，使压缩机停止

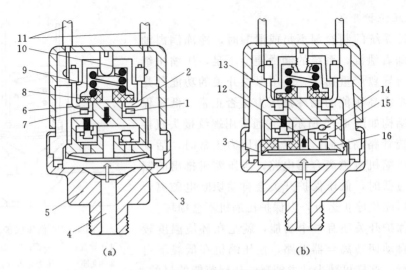

(a)   (b)

图 4-6　高、低压组合保护开关

（a）制冷压力小于 0.423MPa 时；（b）制冷压力大于 2.75MPa 时

1、7—动低压触头；2、6—静低压触头；3—膜片；4—制冷剂压力通道；5—开关座；
8—绝缘片；9—弹簧；10—调节螺钉；11—接线柱；12—顶销；13—钢座；
14—动高压触头；15—静高压触头；16—膜片座

运行，防止压缩机受到损坏。它包括过热开关和熔断器两部分。

过热开关是一种温度传感开关，装在压缩机后盖紧靠吸气腔的位置，其构造如图 4-7 所示。它的工作原理是：当制冷系统的制冷剂泄漏量较多时，压力会下降，若此时压缩机继续工作，它就会产生过热现象。此时制冷剂的温度上升，但压力不增加，润滑油会变质，进而损坏压缩机。这时，过热开关传感器内的制冷剂蒸气将感受到入口的温度升高而使开关内部压力升高，推动膜片将导电触点 7 与端子 1 接通。导电触点 7 通常直接与外壳连通，即过热开关的端子 1 平时是断开的，压缩机温度过热，才会闭合搭铁。

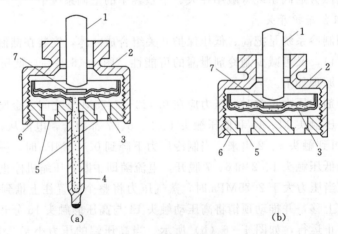

(a)   (b)

图 4-7　过热开关结构

（a）早期模式；（b）新模式

1—端子；2—外罩；3—膜片；4—热敏管；5—基座开口；6—膜片安装基座；7—导电触点

过热限制器的电路原理示意图如图 4-8 所示。熔断器有 3 个接头：S 接过热开关、B 接外电源、C 接离合器。熔断器内部 B 和 C 之间接一个低熔点金属丝，S 和 C 接电热丝。正常情况下，电流通过空调开关，经过熔断器低熔点金属丝到压缩机离合器的电磁线圈。当发生过热时，过热开关 2 闭合，它使流经过热限制器的电热丝 4 接地。电热丝发热后熔化低熔点金属丝 5，切断压缩机离合器电路和过热保护开关的电路，压缩机停止运行，起到过热保护的作用。

熔断器断路后，不会自行恢复，一定要仔细检查制冷系统是否因泄漏而缺少制冷剂。否则，接好易熔丝后，很快又会被烧断。另外，如果仔细检查制冷系统后，确认不缺少制冷剂，那么就可能是过热开关损坏，此时需要更换新的过热开关。

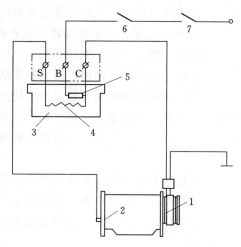

图 4-8　过热限制器
1—离合器线圈；2—过热开关；3—热熔断器；
4—电热丝；5—低熔点金属丝；6—空调
开关；7—点火开关

还有一种压缩机过热开关也称压缩机过热保护器，安装在压缩机尾部，如图 4-9 所示。作用是当压缩机排出的高压制冷剂气体温度过高时或者由于缺少制冷剂以及润滑不良而造成压缩机本身温度过高时，开关将断开，直接使电磁离合器断电而停止工作，防止压缩机因为过热而损坏。其工作原理和保护过程与过热限制器相似。

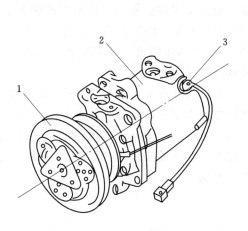

图 4-9　压缩机过热保护器的安装位置
1—电磁离合器；2—压缩机；3—过热开关

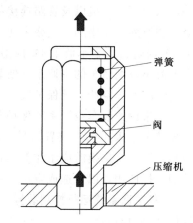

图 4-10　高压卸压阀结构

1. 高压卸压阀

如果制冷剂的压力升得太高，将会损坏压缩机。因此，在典型的空调系统中，有一个装在压缩机或高压管路上由弹簧控制的卸压阀，其结构如图 4-10 所示。不同系统和厂家的高压卸压阀的压力调整值有所不同，一般在 2.413～2.792MPa 范围内变化。当压力超出调整值时，卸压阀将开始使制冷剂放空溢出，直到压力降低到调定值为止，此时在弹簧作用下，阀又自动关闭，以保证制冷系统正常工作。

2. 冷却液过热开关和冷凝器过热开关

冷却液过热开关也称水温开关，其作用是防止在发动机过热的情况下使用空调。水温开关一般使用双金属片结构，安装在发动机散热器或者冷却液管路上，感受发动机冷却液温度，当发动机冷却液温度超过某一规定值（如别克君威为110℃）时，触点断开，直接切断（或者触点闭合通过空调放大器切断）电磁离合器电路使压缩机停止工作；而当发动机冷却液下降至某一规定值（如别克君威为106℃）时，触点动作，自动恢复压缩机的正常工作。

冷凝器过热开关安装在冷凝器上，感受其温度，当其温度过高时，接通冷凝器风扇电机，强迫冷却过热的制冷剂，使系统能正常工作。桑塔纳轿车的冷凝器过热开关有两个，当冷凝器温度为95℃时，启动风扇低速运转；当温度为105℃时，风扇高速运转，以增强冷却效果。

3. 环境温度开关

环境温度开关也是串联在压缩机电磁离合器电路中的一只保护开关，或者直接串联在空调放大器电路中。通常当环境温度高于4℃时，其触点闭合；而当环境温度低于4℃时，其触点将断开从而切断电磁离合器的电路或者空调放大器电源。也就是说，当环境温度低于4℃时是不宜启动空调制冷系统的。其原因是当环境温度低于4℃时，由于温度较低，压缩机内冷冻油黏度较大，流动性很差，如这时启动压缩机，润滑油还没来得及循环流动并起润滑作用时，压缩机就会因润滑不良而导致磨损加剧甚至损坏。汽车空调使用手册规定，在冬季不用制冷时，也要求定期启动空调制冷系统以使制冷剂能带动润滑油进行短时间的循环，以保证压缩机以及管路连接部位和阀类零件的密封元件不因缺油而干裂损坏，造成制冷剂的泄漏，膨胀阀、电磁旁通阀等卡死失灵。由此可见，这项保养工作应在环境温度高于4℃时进行，冬季低于4℃时最好不要启动压缩机。环境温度开关是为此而设置的，国产上海桑塔纳轿车的空调系统便装有这种保护开关。

上面介绍的汽车空调系统保护装置，并非在每种汽车上都全部采用，而是根据情况部分采用。一般来说原装车空调系统保护装置都较为完善，而简易空调或加装的空调系统保护装置较少甚至不采用保护装置。另外，不同的车型，各保护装置的工作参数也是不同的，在检测、维修、更换时应予注意。在保护装置出现问题时应及时更换新件，不得将其摘除或长期短接使用，以免造成空调系统的损坏。

4.2.1.2 汽车空调系统运行控制装置

4.2.1.2.1 温度控制器

温度控制器又称温控开关，起调节车内温度、防止蒸发器因温度过低而结霜的作用。常用的温度控制器有波纹管式和热敏电阻式两种。

1. 波纹管式温度控制器（又称压力式温度控制器）

波纹管式温度控制器的机械式恒温器结构如图4-11所示。主要由感温系统、调温装置和触点开关3部分组成，它的主要作用是控制蒸发器表面温度不低于0℃，防止结霜影响系统正常工作。

感温系统由毛细管和波纹管（或波纹膜片）两部分构成，里面充注感温剂。感温毛细管的一端用钢丝固定在蒸发器尾端翅片之间，以感受其表面通道的空气温度。它的主要功能是通过内部工质的温度变化，导致感温系统内的工质压力发生变化，从而使波纹管伸长或缩短。

调温装置由调节凸轮、转轴、调节螺钉等几部分组成。功能是能在温度控制范围内，从最低温度到最高温度的范围内动作，恒温器触点的断开点是随调节轴调定的位置变化而改变的。

触点开关主要由触点、弹簧、杠杆等几部分组成。功能是执行由控制机构传来的动作信号，通过触点的通、断来接通或断开电磁离合器的电路。

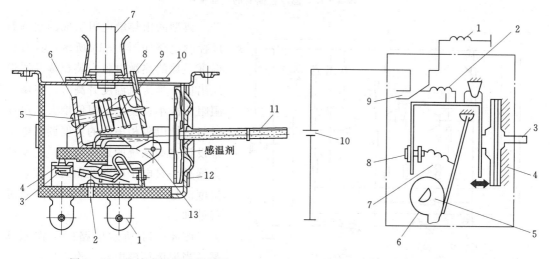

图 4-11 机械式恒温器结构图

1—接线柱；2—温差调节螺钉；3—动触点；4—静触点；
5—调温螺钉；6—固定架；7—调温轴；8—控温板；
9—主弹簧；10—调温凸轮；11—毛细管；
12—膜盒；13—杠杆

图 4-12 机械式恒温器工作原理

1—电磁离合器线圈；2—偏心弹簧；3—毛细管；
4—波纹管；5—转轴；6—调节凸轮；7—调节
弹簧；8—调节螺钉；9—触点；
10—蓄电池

机械式恒温器的优点是工作可靠、寿命长、价格便宜、不怕振动，所以特别适于汽车空调和家用空调等的结构。其工作原理见图 4-12。图中触点是断开位置，压缩机停止运行。这时蒸发器表面温度逐渐升高。与此同时，毛细管内工质温度也随之升高，管内压力逐步增大。波纹膜盒受压伸长，带动了杠杆向左运动，触点随之向上运动。当离合器电路接通，压缩机开始运行。

当压缩机运行后，蒸发器表面温度开始下降，毛细管内的工质温度亦下降，波纹膜盒收缩，带动杠杆向右运动。在弹簧力作用下拉开活动触点，离合器电路断开，压缩机停止运行。这样由于恒温器的通断控制作用，离合器便不断地循环开合，使通过蒸发器表面的空气保持在一定的温度范围内。控制温度的高低，可以通过调节凸轮的位置和调节弹簧的作用力来实现。

2. 热敏电阻式温度控制器

现代汽车空调制冷系统中，热敏电阻式温度控制器是空调放大器的一个重要部分，功能是设定和精确地控制蒸发器出口的温度，它与其他电路共同控制压缩机电磁离合器电路的接通与切断，保证制冷系统正常工作并按照要求提供冷气。

热敏电阻式温度控制器的感温元件是热敏电阻，它将温度变化转换成电阻值的变化，即转变成电压变化，其电路组成框图见图 4-13。

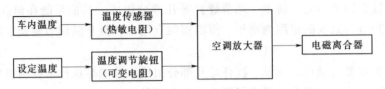

图 4-13　温度控制器的组成框图

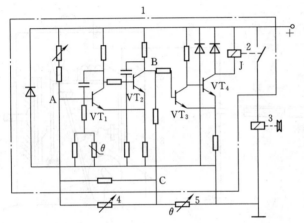

图 4-14　空调放大器电路
1—空调放大器；2—继电器；3—电磁离合器；
4—温度调整电阻；5—热敏电阻

典型的由热敏电阻组成的空调温度控制电路如图 4-14 所示，具有负温度系数的热敏电阻安装在蒸发器送风出口，当送风温度升高时，热敏电阻阻值减小；反之，阻值增大。可通过与热敏电阻相串联的温度调整电阻来设置空调系统的送风温度。空调放大器是一只电子电路控制的开关，对温度信号（对应热敏电阻的阻值）进行处理。

图 4-14 所示电路的工作原理是：当温度调整电阻 4 设定后，放大器中 B 点的电位高低取决于热敏电阻 5 的大小。当车内温度高于设定温度时，热敏电阻阻值减小，B 点电位降低，三极管 VT_3 截止，而 VT_4 导通，于是继电器 2 线圈通电，其触点闭合，接通压缩机电磁离合器电路，制冷系统工作，从而温度下降。当温度降低后，热敏电阻阻值增大。B 点电位升高，三极管 VT_3 导通，而 VT_4 截止，继电器线圈断电，触点断开，切断压缩机电磁离合器电路，制冷系统停止工作。由此循环工作，使车内温度保持在设定的范围内。

调节温度调整电阻 4 可改变 A 点电位，当温度调整电阻阻值减小时，A 点电位降低，三极管 VT_1 截止，VT_2 导通，B 点电位发生相应变化，VT_3 截止，VT_4 导通，制冷系统工作，设定温度降低；反之温度调整电阻阻值增大时，设定温度升高。

目前电子电路空调放大器的温度控制部分与其他部分一样，都采用了汽车空调放大器专用集成电路模块，其可靠性和电路已经大大简化，安装调试也简便得多，但其基本工作原理是相同的。

4.2.1.2.2　怠速控制装置

在非独立式汽车制冷系统中，制冷压缩机是由发动机带动的，当发动机处于怠速状态或汽车低速行驶时，制冷系统容易出现下列不良的情况。

（1）发动机在怠速或低速时，冷却系统散热器的散热主要靠风扇冷却，而低速时风压和风量均不充足，散热效果差，冷却液温度升高。同时，由于非独立式制冷系统的冷凝器通常安装在散热器前面，将进一步影响发动机散热器散热，发动机容易过热，影响发动机正常工作。

（2）发动机处于怠速时，发电机发出的电能严重不足，制冷系统还要消耗大量蓄电池的电能，这是一种很不利的工况。

（3）由于以上情况，再加上发动机的辐射热增加，会使冷凝器的冷凝温度和冷凝压力异常升高，压缩机功耗迅速增大。可能会引起两方面问题：一是增加了发动机在怠速时的负荷，导致工作不稳定，甚至熄火；二是会引起电磁离合器打滑或传动皮带损坏。

因此，由发动机带动制冷压缩机的非独立式制冷系统，为了保证汽车的怠速性能，必须增加发动机怠速控制器。

发动机怠速控制器有两种类型：一种是自动切断压缩机的离合器电路，使制冷系统停止工作，减轻发动机负荷，稳定发动机的怠速性能；另一种是当发动机怠速还需要使用制冷系统时，发动机能自动加大化油器的节气门开度，使发动机在怠速时转速提高，既能保证有足够的动力维持制冷系统工作，又能保证自身正常运转。

1. 怠速继电器（怠速切断装置）

怠速继电器的主要功能是防止汽车怠速时，由于压缩机负荷造成的发动机工作不稳定，采用在发动机处于怠速运转时自动切断压缩机电磁离合器电流，使压缩机停止工作的方法来减轻发动机负荷，稳定发动机转速。这种方法是利用点火线圈的脉冲数作为控制信号的。汽车制冷系统的怠速控制信号一般都是取自点火线圈的低压端。怠速继电器的电路原理如图 4 - 15 所示。

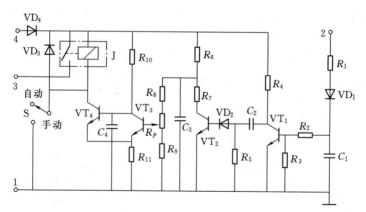

图 4 - 15 怠速继电器电路原理

1—接电源负极（搭铁）；2—接点火线圈低压端；3—接电磁离合器；4—接电源正极

发动机转速信号由接线柱 2 送入怠速继电器电路，电路中 VT_1、VT_2 及相应的阻容元件组成频率—电压转换电路，送入的发动机转速信号经电阻 R_1、R_2 衰减，电容 C_1 滤波后由三极管 VT_1 放大，放大后的脉冲电压又被由电容 C_2、电阻 R_5 和二极管 VD_2 组成的微分电路微分，使其脉冲宽度为一固定值，再经三极管 VT_2 放大整形，经 R_7、C_3 滤波后便在由 R_8、R_p 和 R_9 组成的分压电路两端得到一电压幅值与输入脉冲的频率成反比的直流电压，该电压经电位器 R_p 分压后送入由 VT_3、VT_4 组成的施密特触发器输入端，用来控制触发器的导通和截止，通过继电器 J 来控制压缩机电磁离合器线圈电路的接通和断开。

当发动机在怠速运转时，点火频率较低，经频率—电压变换电路得到的直流电压较高，施密特触发器的输入电压也较高，则 VT$_3$ 导通，VT$_4$ 截止，使继电器 J 触点断开，切断了电磁离合器线圈电路，压缩机不工作。当发动机转速升高到某一值时，点火信号频率增加，输入到施密特触发器的电压下降，使 VT$_4$ 导通，继电器 J 触点闭合，接通电磁离合器线圈电路，使压缩机工作。

电位器 R_p 可用于调节输入到施密特触发器的输入电压，用来调节电磁离合器开始接通和断开时的发动机转速值，一般接通转速为 900～1100r/min，断开转速为 600～700r/min。

该怠速继电器还具有"手动"和"自动"两个控制挡位，当"自动"控制挡位出现故障时，可将开关 K 拨到"手动"控制挡位以应急使用，此时，继电器线圈的电流经手动开关搭铁而构成回路，压缩机的工作状态将不再受发动机转速的控制。这种控制方式曾使用在低档轿车上，目前汽车空调系统已经较少使用。

2. 怠速提高装置

为了保证在怠速工况下能正常使用空调制冷系统，现代汽车都采用在怠速时加大节气门开度的方法来提高发动机的转速，使发动机在怠速时带动制冷压缩机仍能维持正常运转。

目前使用的怠速提高装置有两种不同的结构型式。一种是在化油器进气腔中设置节气门位置控制器。另一种是采用电控燃油喷射系统中，对怠速工况的调节控制装置。

（1）节气门位置控制器。节气门位置控制器的组成及控制过程如图 4 - 16 所示。

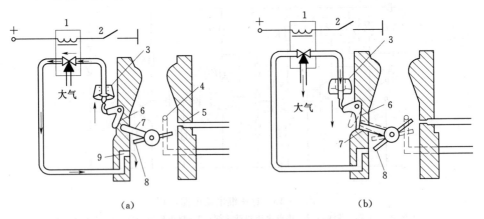

（a）　　　　　　　　　　（b）

图 4 - 16　节气门位置控制器工作图
(a) 空调制冷系统不工作；(b) 空调制冷系统工作
1—真空转换阀；2—空调开关；3—真空驱动器；4—怠速喷油孔；5—主喷油孔；
6—限位器；7—节气门控制杆；8—节气门；9—真空孔

发动机怠速运转，不使用空调制冷时，真空转换阀的线圈中无电流通过，接通真空通路，真空驱动器的膜片上移，通过连杆带动限位器处于图 4 - 16（a）位置，此时，节气门可关闭到发动机正常怠速运转的位置。

使用空调制冷时，空调开关 A/C 接通真空转换阀线圈电路，切断真空通路，大气压力便作用于真空驱动器膜片上方，在弹簧力作用下推动膜片下移，通过连杆带动限位器处于图 4 - 16 （b） 位置，当节气门向关闭方向转动时，由于节气门控制板被限位器限位，使节气门不能全闭而开度加大，从而达到提高发动机转速的目的。这种怠速提高装置曾经广泛应用于化油器轿车的空调系统中。

（2）电控燃油喷射系统怠速控制装置。电控燃油喷射系统怠速控制装置结构见图 4 - 17。这是目前普遍采用的由步进电机带动的怠速控制结构。由图可以看出，电控燃油喷射系统的怠速控制电路中，空调工作信号是发动机 ECU （电子控制单元）的重要传感器信号之一，当空调制冷系统启动，ECU 接收该信号后，驱动由步进电机带动的怠速控制阀门，将旁通气道开度加大，增加怠速时的进气量，使发动机转速增加，制冷压缩机正常工作。这种怠速提高装置可以根据发动机负荷变化的状况，精确地控制发动机根据空调压缩机等其他负载稳定地工作。

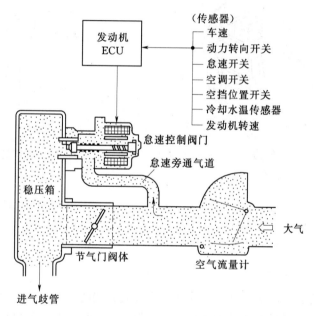

图 4 - 17　电控燃油喷射系统怠速控制装置（步进电机式）

在中、高档轿车上还采用了节气门直动式怠速控制方式，其控制原理与前述基本相同。

4.2.1.2.3　加速控制装置

在现代轿车上，设有加速切断器。设置加速切断器的目的是：在汽车加速或超车时暂时切断压缩机离合器电源，使发动机全部功率用于满足车辆加速需要，同时可防止压缩机超速损坏。要实现加速切断，一是利用和节气门杠杆连接的机械开关；二是利用能感应进气管真空度的真空开关（此类开关和压缩机离合器的电路串联）；三是一些电喷车利用节气门位置传感器的信号和曲轴位置传感器信号感知发动机处于加速状态，由发动机电脑完成空调电路切断。

1. 机械式加速切断器

这种机械式断开器的开关是由加速踏板通过连杆或钢索来操纵的，当加速踏板踩到其行程的90%时，加速踏板碰到切断器的控制簧片，切断器将电磁离合器电源切断，压缩机停止运行，这样便卸除了压缩机的动力负荷，使发动机有足够的动力输出，实现顺利超车；当切断器断开时，压缩机的转速被限制在最高极限转速范围内，从而保护了压缩机零件免受损坏。断开器外形图如图4-18所示。

桑塔纳轿车加速控制断开装置由加速开关和延迟继电器组成。加速开关一般装在加速踏板下，或装在其他位置通过连杆或钢索来操纵。当加速踏板行程达到最大行程的90%时，加速开关及延时继电器切断电磁离合器线圈电路，使压缩机停止工作，发动机的全部输出功率用来克服加速时的阻力，提高了车速。当踏板行程小于90%或加速开关打开后延时十几秒钟则自动接通电磁离合器线圈电路，使压缩机又自动恢复工作。其原理见图4-19。

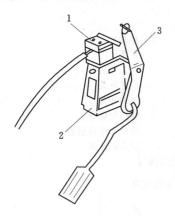

图4-18 机械式加速切断器
1—加速切断器；2—油门踏板托架；
3—油门踏板总成

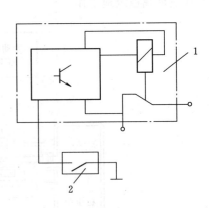

图4-19 桑塔纳轿车加速控制装置
1—延迟继电器；2—加速开关

2. 真空式加速切断器

这种加速切断器由发动机进气歧管真空度控制，当进气歧管真空度较低（汽车处于匀速或少许加速）时，则开关处于闭合状态，空调正常工作。当进气歧管真空度较大（急加速或怠速）时，真空断开器内膜片断开触点，切断离合器电源，压缩机停止工作。当加速变缓时，真空度下降，弹簧推动膜片将触点闭合，空调系统恢复正常工作。

3. 发动机控制单元控制的轿车加速切断控制

有些高级轿车上不设置专门的加速切断器，但同样具有加速切断功能。如奥迪A6轿车，这种车的空调加速切断是由发动机控制单元控制完成的。加速时，发动机控制单元控制由节气门位置传感器和曲轴位置传感器采集节气门开度和发动机转速信号，当感知出急加速状态时，发动机控制单元控制停止压缩机继电器的工作10s以实现加速切断，

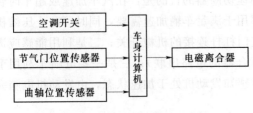

图4-20 车身计算机控制加速电路原理

其原理图见图 4-20。

4.2.2 汽车空调控制电路组成

4.2.2.1 汽车空调控制系统电路

汽车空调种类繁多，电路形式各不相同，但其电气系统都有一定规律可循，分析电路时，只要分成鼓风机控制、冷凝器风扇控制、温度控制（压缩机控制）、通风系统控制、保护电路等即可清楚了解其电路控制原理。

4.2.2.1.1 鼓风机的控制

根据控制方法的不同可分为由鼓风机开关和调速电阻联合控制、电控模块通过大功率晶体管控制、晶体管与调速电阻器组合型等 3 种形式。

1. 由鼓风机开关和调速电阻联合控制

风机的控制挡位一般有二速、三速、四速、五速 4 种，最常见的是四速，见图 4-21，通过改变风机开关与调速电阻的接通方式可令风机以不同转速工作。风机开关处于Ⅰ位置时，至电动机的电流须经过 3 个电阻，风机低速运行；开关调至Ⅱ位置，至电动机的电流须经两个电阻，风机按中低速运转；开关拨至Ⅲ位置时，至电动机的电流只经过 1 个电阻，风机按中高速运转；选定位置Ⅳ时，线路中不串任何电阻，加至电动机的是电源电压，风机以最高速运转。

调速电阻一般装在空调蒸发器组件上，利用气流进行冷却。风机开关一般装在操作面板内，设置不同挡位，供调速用。在设置时，风机开关可控制鼓风机电源正极，也可控制鼓风机电路搭铁。

2. 电控模块通过大功率晶体管控制

现代中高档轿车为实现风速的自动控制，风机的转速一般由电控模块通过大功率晶体管控制，控制原理见图 4-22。

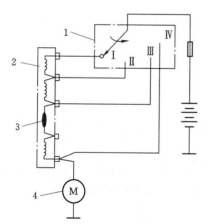

图 4-21 风机调速控制电路
1—风机开关；2—调速电阻；
3—限温开关；4—风机

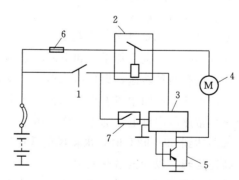

图 4-22 通过大功率晶体管控制的风机电路
1—点火开关；2—加热继电器；3—空调
控制器；4—鼓风机电动机；5—晶体管；
6—熔丝；7—鼓风机开关

功率组件控制风机的运转，它把来自程序机构的风机驱动信号放大，放大器的输出信号根据车内情况，按照指令提供不同的风机转速。如果车内温度比所选定的温度高很多，在空调工作状态下，风机将高速运转；而当车内温度降低时，风机速度又降为低速。相反地，如果车内温度比所选定的温度低得多，在加热状态下，风机将被启动为高速；而当车内温度上升后，风机速度降为低速。

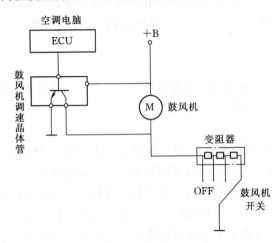

图 4-23　晶体管与调速电阻器组合型

3. 晶体管与调速电阻器组合型

鼓风机控制开关有自动（AUTO）挡和不同转速的人工选择模式，如图 4-23 所示，当鼓风机转速控制开关设定在"AUTO"挡时，鼓风机的转速由空调电脑根据车内、车外温度及其他传感器的参数控制。若按动人工选择模式开关，则空调电路取消自动控制功能，执行人工设定功能。

4.2.2.1.2　冷凝器散热风扇的控制

对于一般小客车和大中型客车，由于车辆底盘结构与轿车有很大的不同，其冷凝器一般不装在水箱前，故冷凝器风扇须单独设置，只受空调开启信号控制，轿车空调的冷凝器一般都装在水箱前，为了减少风扇的配置，使结构简化，轿车在设计上一般都将水箱冷却风扇和冷凝器风扇组装在一起，利用一个或两个风扇对水箱和冷凝器进行散热。车型不同，则配置风扇的数量不同，控制线路设计方面差异也很大，但其控制方式则大同小异，一般根据水温信号和空调信号共同控制，同时满足水箱散热和冷凝器散热需要，下面就一些较典型的冷凝器散热风扇电路进行分析。

1. A/C 开关直接控制型

这种控制电路比较简单，其控制原理如图 4-24 所示，空调开关打至"ON"的位置，在供电给压缩机电磁离合器的同时，加电源至冷凝器风扇继电器线圈，继电器触头开关闭合，冷凝器风扇高速运转。

2. A/C 开关和水温开关联合控制型

有些汽车的发动机冷却系统和空调冷凝器共用一个风扇进行散热，如图 4-25 所示。

这种风扇有两种转速，即低速和高速。风扇电动机转速的改变是通过改变线路中电阻值的方法实现的。从图中可看出，起关键控制作用的是 A/C 开关和水温开关。当空调开关开启时，常速风扇继电器通电工作。由于线路中串联了一个电阻，风扇低速运转。当冷却系统水温达到 89~92℃时，水箱风扇低速运转；一旦发动机水温升至 97~101℃时，水箱风扇高速运转，以加强散热效果。

3. 制冷剂压力开关与水温开关控制组合型

目前很多轿车采用制冷剂压力开关和水温开关组合的方式对冷却风扇系统进行控制。图 4-26 为丰田 LS400 冷却风扇系统电路图，从该图可看出，起控制作用的是水温开关和高压开关，水温开关和高压开关处于不同状态，则控制继电器形成不同组合，从而控制两个并排的风扇不运转、低速运转或高速运转。

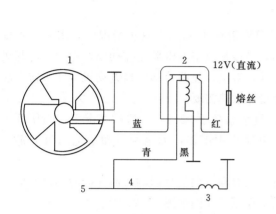

图 4 - 24　A/C 开关直接控制型

1—冷凝器风扇；2—冷凝器风扇继电器；3—电磁
离合器；4—温度控制器；5—接至 A/C 开关

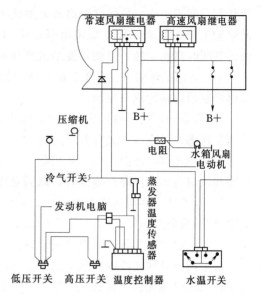

图 4 - 25　A/C 开关和水温开关联合控制型

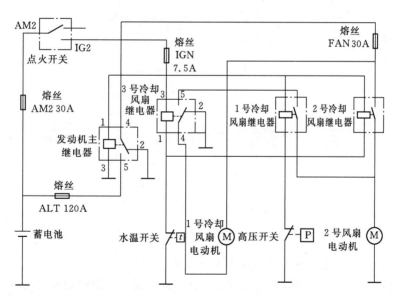

图 4 - 26　LS400 冷却风扇控制系统

（1）空调不工作时。在不开空调的情况下，风扇的工作取决于发动机水温。

1）发动机冷却水温低于 93℃。这时，由于水温较低，水温开关处于闭合状态，3 号冷却风扇继电器和 2 号冷却风扇继电器工作。其中，3 号冷却风扇继电器 4 与 5 接通。2 号冷却风扇继电器常闭触头被打开。同时，由于空调不工作，高压开关处于常闭合状态，1 号冷却风扇继电器通电工作，使常闭触头打开，这时两个冷却风扇均不工作，使发动机尽快暖机。

2）发动机水温高于 93℃。这时，水温开关打开，2 号和 3 号冷却风扇继电器回到原始状态，即不工作。虽然这时高压开关使 1 号冷却风扇继电器常闭触点打开，但并不影响风扇的工作。加至 1 号冷却风扇电动机和 2 号冷却风扇电动机的都是 12V 电压，此时，两风扇同时高速运转，以满足发动机冷却系统散热需要。

（2）空调工作时。空调工作时，水温控制器回路仍然起作用，这时冷却风扇受空调和水温控制器回路的双重控制。

1）开空调，高压端压力大于 13.5kPa，且水温低于 93℃。这种情况下，水温开关处于闭合状态，而高压开关打开，这时 2 号和 3 号冷却风扇继电器受控动作，而 1 号冷却风扇继电器不工作，即触头处于常闭状态，这样，继电器使两冷却风扇电动机串联工作，故两冷却风扇电动机同时低速运转，以满足冷凝器散热需要。

2）开空调，高压端压力大于 13.5kPa，且水温高于 93.5℃。这种情况下，高压开关和水温开关都打开，1、2、3 号冷却风扇继电器均不工作，加至两冷却扇电动机的都是 12V 电压，故两冷却风扇同时高速运转。

综上所述可知，两冷却风扇的工作同时受水温和空调信号影响，而在同时不转、同时低速转或同时高速转 3 种状态之间循环。其工作原理简图如图 4 - 27 所示。

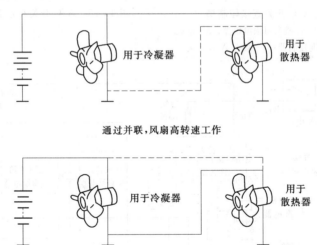

通过并联，风扇高转速工作

通过串联，风扇低转速工作

图 4 - 27　散热风扇电动机控制

4. 水温传感器和制冷剂压力开关控制组合型

除采用继电器完成风扇的转速控制方法外，还可采用专用控制器对风扇进行控制。它根据空调信号和水温信号进行联合控制，如图 4 - 28 所示。

风扇控制单元控制水箱风扇和冷凝器风扇的运转，控制单元根据水温传感器及空调系统的空调压力开关（A、B）的输入信号决定是否转动风扇及转动的速度。除此之外，水温高于 109℃时，则温度开关关闭空调的工作。若空调系统压力高于正常压力时，则压力开关 A 关闭且风扇高速转动。水温控制水箱风扇、冷凝器风扇及空调系统的过程如下。

（1）TEMP1。当水箱冷却水温高于 84℃时，控制单元会将 VT_1 打开，而使水箱风扇（低速）和冷凝器风扇（低速）运转。

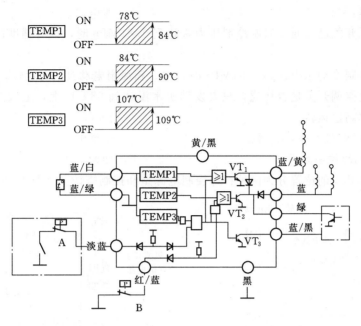

图 4-28 水温传感器和制冷剂压力开关控制组合型

（2）TEMP2。当水箱冷却水温高于90℃时，控制单元会将 VT_2 打开，而使水箱风扇（高速）和冷凝器风扇（高速）运转。

（3）TEMP3。当水箱冷却水温高于109℃时，控制单元会将 VT_3 关闭，而使空调压缩机停止运转。

5. 制冷剂压力开关与微电脑控制组合型

大多数高级轿车都采用这种布置和控制方式，见图 4-29，两个散热风扇有 3 种不同的运转工况。

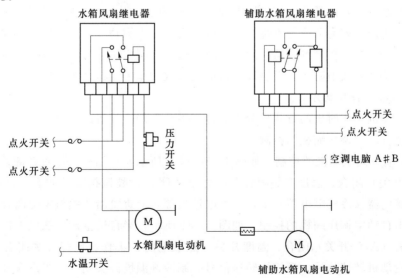

图 4-29 制冷剂压力开关与微电脑控制组合型

工作过程：

（1）空调开关已接通，但制冷剂压力未达到1.81MPa时，只有辅助散热风扇发动机运转。

（2）一旦制冷剂压力达到1.81MPa时，主、辅风扇电动机同时运转。

（3）无论空调开关是否接通，只要发动机水温达到98℃以上，主散热风扇（水箱风扇电动机）都高速运转。

4.2.2.1.3 压缩机电磁离合器控制

1. 压缩机的控制方式

根据控制开关的位置分为两种：即控制电源型和控制搭铁型（图4-30）。

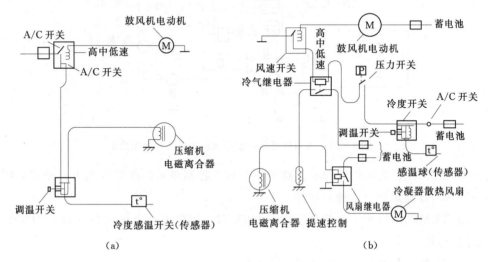

图 4-30 压缩机控制
（a）控制电源型；（b）控制搭铁型

电源控制方式是由开关直接控制电源，当开关闭合时，大电流流经开关至执行器构成回路，长期工作后容易造成触点烧蚀。所以，现在大多数轿车均不采用这种控制方式。搭铁控制方式，由开关控制继电器线圈的回路，这种控制方法的优点是以小电流信号控制大电流通断，从而有效地防止触点烧蚀，目前大多数轿车采用这种控制方法。

2. 压缩机工作控制方式

控制压缩机工作时机的方式可分为3种：手动空调压缩机的控制、半自动空调压缩机的控制和全自动空调压缩机的控制。

（1）手动空调压缩机的控制。如图4-30（b）所示，压缩机工作的必备条件是空调开关（A/C开关）闭合、温度开关闭合、压力开关闭合、鼓风机开关闭合。此时压缩机电磁离合器继电器（冷气继电器）工作，蓄电池电源才能提供给压缩机电磁离合器线圈。

（2）半自动空调压缩机的控制。如图4-31所示，半自动空调压缩机工作的必备条件是空调开关（A/C开关）闭合、温度开关（热敏电阻）工作、压强开关闭合、鼓风机开关闭合、发动机转速信号、压缩机转速信号、制冷剂温度开关闭合。当点火开关和鼓风机开关接通时，加热器继电器就接通。如空调器开关此时接通，则压缩机电磁离合器继电器由空调器放大器接通。这就使压缩机电磁离合器接合，压缩机工作。在下述情况下，电磁离合器脱开，压缩机被关掉：

a. 鼓风机开关位于 OFF（断开）当鼓风机开关断开，加热器继电器也断开，电源不再传送至空调器。

b. 空调器开关位于 OFF（断开）空调器放大器（它控制压缩机电磁离合器继电器）的主电源被切断。

c. 蒸发器温度太低如蒸发器表面温度降至 3℃ 或以下，则空调器放大器电源被切断。

d. 双重压强开关位于 OFF（断开）如制冷回路高压端压强极高或极低，这一开关便断开。空调器放大器检测到这一情况，就切断电磁离合器继电器。

e. 压缩机锁止（仅限某些车型）压缩机与发动机转速差超过一定值，空调器放大器就会判断压缩机已锁止，并切断电磁离合器继电器。

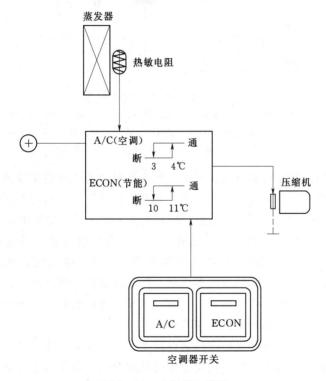

图 4 - 31　空调器电路图

（3）全自动空调压缩机的控制。对于自动空调系统中压缩机的控制，一般由空调控制单元（电脑）根据传感器信号进行自动控制的，详细控制内容见项目五。

4.2.2.2　汽车空调系统电路

汽车空调系统电路是为了保证汽车空调系统各装置之间的相互协调工作，正确完成汽车空调系统的各种控制功能和各项操作，保护系统部件安全工作而设置的，是汽车空调系统的重要组成部分。汽车空调系统电路随着电子技术的应用，由普通机电控制、电子电路控制，逐步发展到微机智能控制，其功能、控制精度和保护措施得到了不断改进和完善。

4.2.2.2.1 汽车空调系统电路

1. 汽车空调基本电路

汽车空调系统的基本电路如图4-32所示。

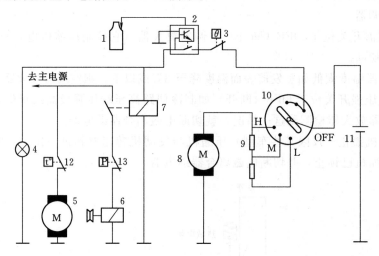

图4-32　汽车空调基本电路

1—点火线圈；2—发动机转速检测电路；3—温控器；4—空调工作指示灯；5—冷凝器风扇电机；
6—电磁离合器；7—空调继电器；8—蒸发器风扇电机；9—调速电阻；10—空调及风机开关；
11—蓄电池；12—温度开关；13—压力开关

其工作过程是：接通空调及风机开关，电流从蓄电池流经空调及鼓风机开关后分为两路，一路通过调速电阻到蒸发器风扇电机。由两个调速电阻组成的调速电路使风机可以按3个速度运转，当开关旋转至H（高速）时，电流不经电阻直接到电动机，因此这时电动机转速最高。当开关在M（中）时，电流只经一个调速电阻到鼓风电动机，因此电动机转速降低。在低位L时，两个电阻串入风机电路，故这时电动机的转速最低。由于汽车空调制冷系统工作时，要及时给蒸发器送风，防止其表面结冰，所以，空调系统电路的设计，必须保证只有在风机工作的前提下，制冷系统才可以启动，上述空调开关的结构和电路原理，也是各种空调电路所遵循的基本原则。

另一路经温控器3和发动机转速检测电路2，与空调继电器7和工作指示灯4构成回路。温控器3的触点在高于蒸发器设定温度时是闭合的，如果由于空调的工作使蒸发器表面温度低于设定温度时，温控器触点断开，空调继电器7断电，电磁离合器6断电，压缩机停止工作，指示灯4熄灭，这时蒸发器风扇电机8仍可以继续工作。压缩机停止工作后，蒸发器温度上升，当高于设定温度时，温控器的触点又闭合，使压缩机再工作，使蒸发器温度控制在设定的温度范围内，保证了系统的正常工作。

为了保证空调系统更好地工作，空调系统电路还设置了发动机转速检测电路2，其作用是只有当发动机转速高于800~900r/min时，才能接通空调电路。在怠速和转速低于此转速时，自动切断空调继电器7回路，使空调无法启动，保证了发动机的正常怠速工况，发动机转速检测电路的转速信号取自点火线圈。

为了加强冷凝器的冷却效果，汽车空调系统都设置了专用的冷凝器冷却风扇，由电动机 5 驱动。它的工作受冷凝器温度开关 12 控制,当冷凝器表面温度高于设定值时,自动接通风扇电机高速运转,使其强迫冷却。注意:该电机的工作不受空调开关控制,所以在汽车空调停止运行时,它也可能启动运转,这在检修和测试系统时要格外小心。

电路中还设置了压力保护开关 13,其作用是防止系统超压工作,通常使用的是高低压组合开关,当系统压力异常时,自动切断压缩机电磁离合器,防止系统部件的损坏。

2. **温度调节控制空调电路**

具有温度调节控制的汽车空调电路如图 4-33 所示。该电路的冷凝器风扇电机和蒸发器风扇电机控制电路,当它在取暖位置时,空调放大器不工作,系统只能工作在取暖或者自然通风工况。在制冷位置时,空调放大器工作,压缩机才能正常启动。

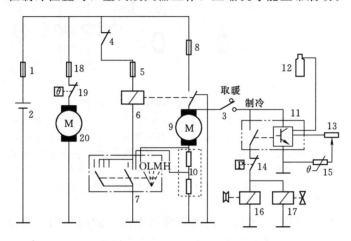

图 4-33 温度调节控制空调电路

1—总保险;2—蓄电池;3—空调选择开关;4—点火开关;5、8、18—熔断丝;6—空调继电器;
7—风机调速开关;9—蒸发器风扇电机;10—调速电阻;11—空调放大器;12—点火线圈;
13—温度设定电阻;14—压力开关;15—热敏电阻;16—电磁离合器;17—怠速
提高电磁阀;19—温度开关;20—冷凝器风扇电机

该电路的空调放大器 11,设计有环境温度检测热敏电阻 15,并与温度调整电位器 13 串联,作为对温度的控制机构。当由温度调整电位器设定好所需参数(温度值)后,与串联的热敏电阻的检测值进行比较,当环境温度高于设定值时,空调放大器接通电磁离合器,使系统工作;反之,停止工作。

4.2.2.2.2 典型汽车空调系统电路分析

1. **桑塔纳(SANTANA)轿车系统电路分析**

图 4-34 所示为上海桑塔纳轿车空调电路,它由电源电路、电磁离合器控制电路、鼓风机控制电路和冷凝器风扇电机控制电路组成,是一种典型的机械—电气控制的空调系统电路。

电路工作原理如下。

(1)点火开关 1 处于断开(OFF)位置时,空调主继电器 2 的线圈电路切断,触点断开,空调系统不工作。

(2)点火开关处于接通(ON)位置时,空调主继电器 2 的线圈电路接通,触点闭合,

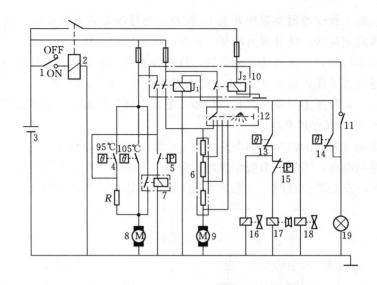

图 4-34　上海桑塔纳轿车空调电路

1—点火开关；2—空调主继电器；3—蓄电池；4—冷凝器温控开关；5—高压保护开关；
6—调速电阻；7—冷凝器风扇继电器；8—冷凝器风扇电机；9—蒸发器风扇电机；
10—空调继电器组；11—空调开关；12—风机开关；13—蒸发器温控开关；
14—环境温度开关；15—低压保护开关；16—怠速提升真空转换阀；
17—电磁离合器；18—新鲜/循环空气电磁阀；19—空调指示灯

空调继电器组 10 中的线圈 J_2 通电，接通鼓风机电路，此时可由风机开关 12 进行调速，使风机按要求的转速运转，进行强制通风、换气或送出暖风。

（3）当外界气温高于 10℃ 时，允许使用空调制冷系统。当需要其工作时，按下空调开关 11，空调指示灯亮，表示空调系统电路已经接通。此时电源经空调开关 11、环境温度开关 14 可接通下列电路：

1）新鲜/循环空气电磁阀接通，该阀真空驱动器作用，使新鲜空气进口关闭，制冷系统进入空气内循环工况。

2）经蒸发器温控开关、低压保护开关对压缩机电磁离合器线圈供电，常闭型低压保护开关串联在蒸发器温控开关和电磁离合器之间，当缺少制冷剂使制冷系统压力过低时，开关断开，压缩机停止工作。同时电源还经蒸发器温控开关接通化油器的怠速提升真空转换阀，提高发动机的转速，保证发动机稳定工作，满足空调动力源的需要。

3）对空调继电器组 10 中的线圈 J_1 供电，使两对触点同时闭合，其中一对触点接通蒸发器风机电路，它保证只要空调制冷开关一旦按下，无论风机开关在什么位置，蒸发器风扇电机都至少运行在低速工况，以防止蒸发器表面结冰，影响系统的正常工作。另一对触点接通冷凝器冷却风扇控制电路，它与高压保护开关、冷凝器温度开关共同组成系统温度—压力保护电路，其工作过程是：高压保护开关串联在冷凝器风扇继电器和空调继电器 J_1 的一对触点之间，当制冷系统高压值正常时，触点断开，将电阻 R 串接入冷凝器风扇电机电路中，使风扇电机低速运转。当制冷系统高压超过规定值时，高压保护开关触点闭合，接通冷却风扇继电器线圈电路，冷却风扇继电器的触点闭合，将电阻 R 短路，使风扇电机高速运转，以增强冷凝器的冷却能力。同时，冷却风扇电机还直接受发动机冷却液温控开关的控制，当不开空调开关 11，且发动机冷却液温度低于 95℃ 时，风扇电机不转动，高于 95℃ 时，冷却风扇电机低速转动。当冷却液温度达到 105℃ 时，则风扇电机将高速转动。

这类机械—电气控制的空调系统电路，虽然没有电子温度控制器，但因其结构简单，电路器件可靠，所以仍然得到了广泛的应用。

2. 夏利轿车空调系统电路分析

夏利轿车空调电路主要由电源电路、空调放大器电路、怠速提升装置、蒸发器风扇电机电路、电磁离合器、冷凝器风扇电机电路、电磁离合器电路等组成，其电路原理如图 4-35 所示。

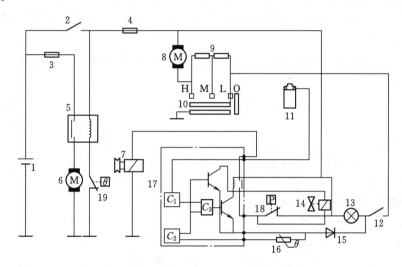

图 4-35　夏利轿车空调系统电路

1—蓄电池；2—点火开关；3、4—熔断器；5—空调继电器；6—冷凝器风扇电机；7—电磁离合器；8—蒸发器风扇电机；9—调速电阻；10—调速开关；11—点火线圈；12—空调开关；13—指示灯；14—怠速提升真空转换阀；15—二极管；16—热敏电阻；17—空调放大器；18—压力开关；19—温度开关

电路工作原理如下。

(1) 电源电路。电流从蓄电池正极→点火开关 2→熔断器 4→空调放大器 17→二极管 15→空调开关 12→调速开关 10→搭铁→蓄电池负极，构成回路。空调制冷系统的工作前提是：蒸发器风扇电机调速开关 10 必须由 OFF 位置旋转至工作状态，此时按下空调开关 12，在工作条件允许的情况下，系统制冷，指示灯 13 点亮。

(2) 空调放大器。空调放大器 17 是制冷系统控制的核心，放大器的输入信号是将感测到的发动机转速信号和蒸发器出口空气温度两项参数转化为电信号。发动机转速参数被转化为脉冲信号，蒸发器出口空气温度参数转化为电阻信号。当脉冲信号的频率过低或者电阻值过高时（对应低转速和低温状态），放大器均会使内部继电器断开，压缩机停止工作；当脉冲信号的频率及电阻值适当时（对应的发动机转速高于 1200r/min，蒸发器出口空气温度不小于4℃），放大器接通内部继电器，在系统压力符合工作条件时，压缩机电磁离合器线圈接通，制冷系统工作。在这里，发动机转速信号和蒸发器出口空气温度两项参数，对于空调放大器来说，亦是"与"的工作关系。

（3）怠速提升装置。怠速提升装置由真空电磁阀（也称为VSV阀）和执行机构组成，有两种不同的执行机构分别适用于化油器式发动机及电控燃油喷射式（EFI）发动机车型。

1）节气门开度控制器结构。用于化油器式发动机，当空调开关12接通电源后，怠速提升真空转换阀14的线圈通电，进气歧管的负压经过VSV阀导入真空驱动器膜罐的上腔内，在上下腔的压差作用下橡胶膜片克服弹簧力产生位移使控制器上的支臂带动节气门臂运动，增加节气门开度，故而使发动机怠速转速提高。控制器上的支臂与节气门臂间的预紧力可以通过调整螺栓进行调节，进而控制空调怠速转速值。节气门开度控制器控制原理如图4-36所示。

2）空气旁通式结构。用于电控燃油喷射式（EFI）发动机，其控制原理如图4-37所示。

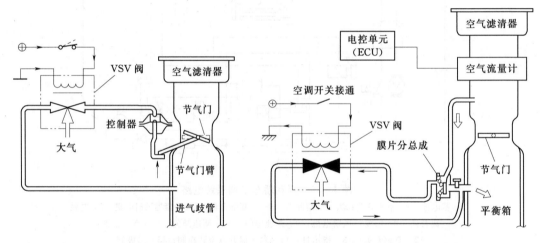

图4-36　节气门开度控制器控制原理　　　　图4-37　空气旁通式结构图

当空调开关12打开时，VSV阀线圈通电，进气歧管的负压通过VSV阀导入膜片分总成内，使膜片产生位移，从而使一股空气不需经过节气阀而旁通到平衡箱内，此时发动机电控单元（ECU）会根据旁通空气流量的大小来增加燃油喷射量，使发动机怠速转速提高。怠速提升真空转换阀14受空调放大器17的控制，只有在环境温度大于4℃时，怠速提升装置才能工作。

（4）蒸发器风扇电机调速电路。电流从蓄电池正极→点火开关2→熔断器4→蒸发器风扇电机8→调速开关10→搭铁→蓄电池负极。调速开关10有四个位置：当开关放在空挡0位置时，则电路不通；当调速开关10放在其他位置时，则电流从风扇电机8至调速电阻9，根据使用要求，风机按照不同转速工作。夏利轿车的鼓风机在工作时，可以吹出暖风或者吹出冷风，也可以自然通风，其关键在于制冷、供暖、通风哪一部分在工作。所以在夏利轿车的空调中，风机是独立工作的，但只有风机工作时，空调制冷开关才能起作用。

（5）冷凝器风扇电机电路。其中温控开关由发动机散热器中的水温来控制。当水温在83～90℃以下时，温控开关断开，90℃以上时闭合。当温控开关闭合时，该电路形成通路。上述电源电路形成通路时，冷凝器风扇电机继电器5中的触点闭合，电流从蓄电池正极→熔断器3→冷凝器风扇电机继电器触点→冷凝器风扇电机→搭铁→蓄电池负极，冷凝器风扇电机开始运转。

（6）电磁离合器电路。由于空调放大器内部继电器触点闭合，电流从蓄电池正极→点火开关2→熔断器4→压力开关18→空调放大器17内部继电器触点→电磁离合器线圈→搭铁→蓄电池负极，压缩机运转。

（7）压力开关。当制动系统压力过低时，压力开关自动断开，以保证制冷系统正常工作。

夏利轿车由于采用了电子空调放大器电路，所以，控制精度和可靠性得到了提高，这种控制方式，在中、低档轿车有普遍的应用。

4.3 习　　题

4.3.1　简答题

1. 如何检测手动空调放大器？
2. 如何检测风扇继电器？
3. 如何检测风机开关？
4. 压缩机电磁离合器不工作的原因有哪些？

4.3.2　能力训练题

1. 启动正常的空调，并用手触摸空调系统各循环部件（注意不要被烫），感受系统各部件不同的温度。然后设置一些故障，再用手感检查系统的温度，看与正常的有什么不同。

2. 叙述通过手感检查空调系统故障的方法。

4.3.3　选择题

1. 空调压缩机不能启动，以下哪项是可能的原因？（　　　）

A. 温控开关断开

B. 压强开关起作用

C. 电磁离合器线圈烧坏

D. A、B、C 都可能

2. 空调系统制冷不足，以下哪项是可能的原因？（　　　）

A. 系统制冷剂不足

B. 制冷系统冰堵

C. 制冷系统脏

D. A、B、C 都可能

3. 以下哪项是制冷系统压强太高的原因？（　　　）

A. 冷凝器堵塞

B. 冷凝器散热不良

C. 冷凝器风扇不转

D. A、B、C 都有可能

4.4 拓 展 阅 读

4.4.1　汽车空调系统性能试验

4.4.1.1　准备

开始维修或诊断空调系统前，必须先进行检查。包括：

（1）目视检查软管有无损坏和摩擦。

（2）确保冷凝器的制冷翅片没有被昆虫等障碍物阻塞，并且翅片笔直。

（3）冷凝风机运行的方向正确。

（4）发动机/水箱没有过热。

（5）检查驱动带的张紧力以及有无损坏。

（6）温度适宜，发动机黏滞风机是否阻塞。

（7）压缩机循环开还是关。

（8）蒸发器出水软管没有堵塞。

（9）在全冷模式时，关闭暖风机。

（10）关闭混合风门。

（11）启动时，空调开关照明灯亮。

（12）真空软管没有泄漏。

（13）仪表板出风口开关自如。

（14）蒸发器壳体和暖风机壳体之间没有空气泄漏。

（15）鼓风机可以在任何允许的速度下运行。

（16）在元器件或连接件上没有明显的制冷剂泄漏和油污。

对空调系统功能的精确诊断，特别是对故障的判断，这些主要是通过维修人员分析压强表上的读数来获得的。制冷系统维修人员所使用的歧管表和各类量具如同医生的听诊器。一个读数与一个特定的问题相关联，而多个问题可能导致一个特定的读数。系统正常运行时，低侧压强读数与液态制冷剂温度有关。因为当空气经过蒸发芯体表面带走热量时，制冷剂变成气态。高端压强表读数与气态制冷剂温度有关。因为当外界空气经过冷凝器时，系统放出热量，制冷剂变为液态。读数偏离正常范围表明系统存在故障。这种故障可能是由系统内部的控制元件或部件故障引起的。

必须注意的是在新装配的系统上，装配不正确或元器件位置偏离都可能影响系统性能。汽车发动机也可能影响系统性能，造成压强表上的读数不正确。

4.4.1.2　压强表预检

经常检查压强表，确保高低端上表的指针停留在"零"位置。如果指针没有在"零"

位，拆开拨盘表面，轻轻转动调节螺丝，直到指针指向"零"，如图 4-38 所示。然后重新连接软管，拧紧塞子。

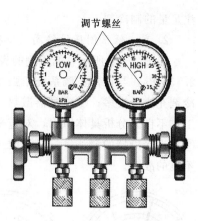

图 4-38　歧管压强表的调零

4.4.1.3　性能测试

性能测试可分以下几个步骤进行：

（1）将车辆停在阴凉处，记录环境温度。

（2）打开前车窗和发动机盖。

（3）连接压强表组到系统充注口。

（4）打开所有仪表板的百叶窗，调节到全开。

（5）将温度计探头插入百叶窗风口内 50mm 处。

（6）设置控制器：①新风位置；②全冷；③A/C 开 n；④风机速度最高。

（7）开启发动机，发动机转速调为 1700r/min，使压强表指针稳定。

（8）读取压强和温度值。将之与制造商性能图表上的读数比较，参见相关车间手册。

注意：只有在压缩机开启后，才可以读取数据。

由上可知，空调系统试验是在负载最大情况下进行的，如果系统此时能满足制造商的规范要求，那么正常情况下，出风口温度会低很多。

4.4.2　空调系统压强的分析

4.4.2.1　汽车空调系统压强的正常范围

一般小轿车的空调系统（R-134a 制冷系统）压强的正常范围如图 4-39 的表读数所示：低压侧的表读数为 0.15~0.25MPa；高压侧的表读数为 1.3~1.5MPa。高压端的管路是热的，低压端的管路是冷的。

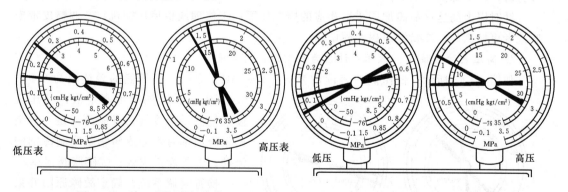

图 4-39　高、低压表的读数　　　　　图 4-40　高、低压表的读数偏低

4.4.2.2　空调系统压强的分析

1. 高、低压侧的压强都偏低，制冷效果不良

如图 4-40 所示，低压侧的表读数为 0.05~0.1 MPa 之间，高压侧的表读数为 0.6~1.0MPa，与正常空调系统压强相比普遍偏低，制冷效果不良。这说明空调系统有泄漏点，导致制冷剂渗漏，从而系统压强不足。应用渗漏检测设备泄漏点，并进行修复后，重新加

注足量的制冷剂。

2. 高、低压侧压强偏高，制冷效果不良

如图4-41所示，低压侧的表读数为0.25~0.35MPa之间，高压侧的表读数为1.95~2.45MPa，与正常空调系统压强相比偏高，制冷效果不良。可能的原因为：①系统中的制冷剂充注量过多；②冷凝器散热不良（冷凝器脏污或散热片阻塞）；③散热风扇不工作或工作不良。分析具体原因，对应采取的措施为：①检查制冷剂压强，调整适量的制冷剂；②检查冷凝器的清洁度，必要时进行清洁；③检查散热风扇运转情况，排除不工作或工作不良的故障。

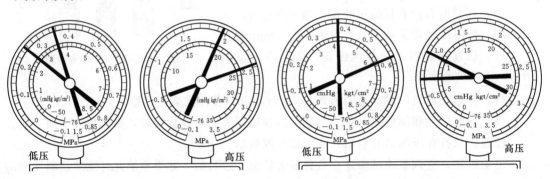

图4-41 高、低压表的读数偏高　　　图4-42 高压表偏低、低压表偏高

3. 高压表读数偏低、低压表读数偏高，无冷气

如图4-42所示，低压侧的表读数为0.4~0.6 MPa之间，高压侧的表读数为0.54~0.6MPa，与正常空调系统压强相比低压侧的读数偏高，高压表读数偏低，无冷气。原因可能是：①压缩机内部进排气阀片密封不良或损坏，导致进排气阀相互窜气；②压缩机皮带打滑；③电磁离合器故障。

针对以上的这些故障原因采取相应的措施如下：①修理或更换压缩机；②调整皮带松紧或者更换新件；③检测电磁线圈电阻。

4. 高压表读数偏低、低压表读数为真空值，无冷气

如图4-43所示，低压侧的表读数为-0.1~0MPa之间，高压侧的表读数为0.5~0.6MPa，低压侧指示真空值，高压表读数偏低，无冷气。可能原因是：①空调系统内部有水分或污物阻塞制冷剂的流动；②干燥剂失效；③膨胀阀损坏。

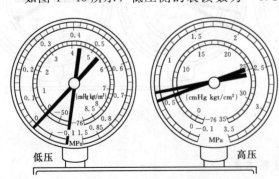

图4-43 高压表偏低、低压表真空

检查空调系统，确定故障原因并采取如下措施修复系统：①检查膨胀阀感温包和蒸发器出口管路的安装情况，是否松动或接触不良；②用压缩空气吹通膨胀阀内脏堵杂质，若不能吹通则更换新的膨胀阀；③膨胀阀的感温包渗漏，则需更换膨胀阀；④更换干燥瓶。

修复空调系统或更换系统新配件之后，需要对系统抽真空、重新加注相应的冷冻油和足量的制冷剂，恢复空调系统的制冷能力。

5. 高压表时而正常时而偏低、低压表时而正常时而真空，间歇性制冷

如图 4 - 44 所示，低压侧的表读数为 -0.1 MPa 或 0.15~0.25MPa 之间，高压侧的表读数为 0.7~1.0MPa 或者 1.35~1.55MPa 之间，低压表时而正常时而真空，高压表时而正常时而偏低，间歇性制冷。这是空调系统里面有水分的典型"症状"，空调工作期间，系统内的水分在膨胀管口结冰，循环暂时停止，当结冰融化后，系统又恢复到正常状态。其原因是系统中的干燥剂处于过饱和状态，无法去除系统内的水分，此时，应该更换新的干燥瓶，并且需要反复地抽出真空，以清除系统中的水气，再对系统重新加注适当数量新的制冷剂。

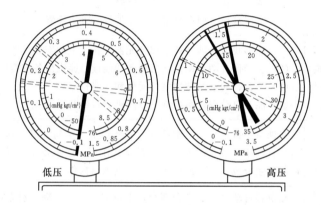

图 4 - 44　高压表时而正常时而偏低、低压表时而正常时而真空

6. 高、低压表读数偏高，低压管路热，制冷不佳

如图 4 - 45 所示低压侧的表读数为 0.25~0.3MPa 之间，高压侧的表读数为 1.95~2.45MPa 之间，低压表读数略高，高压表过高，而且低压管路是热的（正常是凉的），观察视液窗可看见气泡，制冷效果不良。原因可能系统内有空气，说明抽真空时间不够长，检查压缩机油是否变脏或不足，然后对系统排空，再进行抽真空，并充入新的冷冻油和制冷剂。

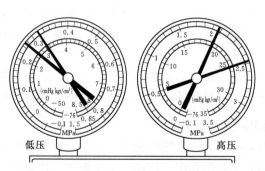

图 4 - 45　高、低压表读数偏高

总之，检查空调系统的压强，并结合其他故障现象来分析，才能准确诊断故障的真正原因，才能彻底排除相应的故障。

项目5 汽车空调自动系统的检修

教 学 准 备			
序号	名称		内 容
1	学习目标	知识目标	(1) 理解掌握自动空调系统的总体组成、结构及工作原理; (2) 掌握自动空调各元件的作用、特性及工作原理; (3) 掌握查看自动空调系统的电路图; (4) 掌握自动空调系统常见故障的检测方法步骤
		技能目标	(1) 能够找出自动空调系统各元器件在车上的安装位置; (2) 会操作自动空调控制面板各功能键,能说出各按键的功能和作用; (3) 学会自动空调常用电控元件和线路检修; (4) 能对自动空调系统常见故障进行诊断和排除
2	教学设计		在课堂上讲述自动空调系统的总体组成、结构及其工作原理,然后在实训场讲述自动空调各元件的安装位置及其作用,演示各主要元器件的检查操作,最后将学生分成若干组进行相应的实训项目操作
3	教学设备		帕萨特自动空调实训台两台,丰田ES300型一辆,别克君威一辆,X431检测工具两套,温度表,万用表、压力表组,真空泵,制冷剂等一些常用工具和材料

5.1 实 操 指 导

实操目的:能认识自动空调系统的总体组成及结构,并能够找出自动空调系统元器件在车上的安装位置;认识自动空调温度控制系统、自动空调鼓风机控制系统、自动空调压缩机控制系统工作原理试验;会检测自动空调电路;能对典型车型自动空调线路故障进行诊断与维修;会诊断自动空调鼓风机线路常见故障、诊断压缩机电磁离合器不能吸合等常见故障。

实操过程:①检测自动空调输入元件(信号)、自动空调控制电脑、执行元件;②检测典型车型自动空调各主要元件线路;③检查诊断自动空调的常见故障。

5.1.1 自动空调常用电控元件检修

电控元件一旦损坏,对空调性能影响很大,本单元以自动空调常用的电控元件检测为主线,简要地介绍了电控元件的作用、结构、工作原理、使用及安装要求等。

5.1.1.1 自动空调输入元件(信号)的检测

1. 车内温度传感器检测

车内温度传感器的检测有如下几方面。

（1）检查传感器与电脑之间的线束。拆下车内温度传感器的接头，在线束侧应能测量到 5V/3.6 V 的直流电压。否则，线束不良或空调电脑存在故障。

（2）检查传感器的电阻值。拆下车内温度传感器的接头，在线束侧测量车内温度传感器的电阻是否在规定的范围内，具体数值见车型资料中。

（3）数值分析。有些车型的空调自诊断系统，具有读取传感器实时数值的功能。若读取的数值与实际的车内温度不相同，则车内温度传感器工作不良。详情请查阅相关车型的维修手册。

（4）读取故障码。现在绝大多数的自动空调都能对车内温度传感器进行监控，当电脑发现有故障时，会将故障信息存储起来，供维修技师读取。有些车型在车内温度传感器有故障时，空调电脑会采用一个特定的默认值代替，以使空调继续工作，不同车型的默认值是不一样的。

2. 车外温度传感器检测

常用的检测方法如下。

（1）检查传感器电阻。测量传感器电阻，并与车外温度传感器标准数值对比，若一致，说明该传感器良好。

（2）数值分析。有些车型的空调自诊系统具有读取传感器实时数值的功能，若读取的数值与实际的车内温度不相同时，车内温度传感器不良。详情请查阅各车型的维修手册。

（3）读取故障码。有些车型在车外温度传感器有故障时，空调电脑会采用一个特定的默认值代替，以使空调继续工作。不同车型的默认值是不一样的。

（4）通过显示器检查。有些车型会在仪表或显示屏上显示环境温度，若显示的环境温度与实际的环境温度不一样，则车外温度传感器不良。

3. 阳光传感器检测（图 5-1）

（1）电阻测量。在强阳光下测量，电阻为 $4k\Omega$，用布遮住阳光传感器，电阻为无穷大。

（2）电压测量。一般在强阳光下测量，电压小于 1V，用布遮住阳光传感器，电压大于 4V。

（3）读取故障码。在阳光不足的地方读到阳光传感器的故障码是正常的。可用 60W 的灯源距阳光传感器 25cm 照射，这时就不应读到阳光传感器的故障码。

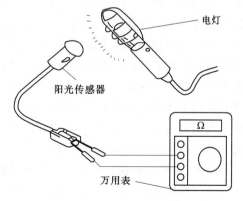

图 5-1　阳光传感器的检测

5.1.1.2　自动空调控制电脑检修

1. 自动空调控制电脑故障诊断方法

自动空调控制电脑工作可靠，故障率较低。即便如此，自动空调控制电脑仍然有出现故障的可能，且有时需仔细检查才能判断其是否存在故障。首先须谨慎地对其和相关线束进行检查，无故障时才能确认，进行最后的检验，以确定是否需要修理或更换。

2. 诊断方法

（1）用"排除法"诊断空调电脑故障。诊断空调控制器电脑故障可采用排除法。利用专用仪器或数字式万用表，从外围线路入手，对有故障的电器装置或线束进行检查。诊断步骤如下。

1）检查 ECU、电器元件的连接器，搭铁线连接与接触情况。

2）检查传感器、执行器等电器元件的特性参数值，看是否在规定值范围之内。

3）测量 ECU 连接器和电器元件连接器线束之间的电阻，检查是否有断路或接触不良。

4）测量 ECU 连接器端子与车身（搭铁）之间的电阻，检查是否有短路搭铁故障。

以上检查若正常，可初步诊断为 ECU 有故障。当初步确定 ECU 有故障后，还需采用其他方法对 ECU 进一步检验（检验前，应备齐 ECU 连接器端子位置图和仪表、ECU 连接器端子的标准电阻值和电压值以及相关技术资料）。

（2）用"自诊断法"诊断空调电脑故障。空调电脑具有"故障自诊断"功能，具备对整个电控系统的故障诊断能力，部分空调电脑具有诊断内部故障的能力。诊断时，根据输出的故障代码，可方便地判断出 ECU 是否有故障。故障自诊断显示空调电脑有故障，这样就可直接对空调电脑进行检查或更换。

（3）用"电阻测量法"诊断空调电脑故障。拆下 ECU 连接器，用万用表的欧姆挡测量相应端子间的电阻。如测得电阻值和标准值不符，说明 ECU 相应部分有故障。此种检测方法有一定的局限性，且准确率不高，一般只作为辅助手段。

（4）用"电压测量法"诊断空调电脑故障。将万用表选择在直流电压挡，并选择合适的量程，在蓄电池充足电的情况下接通点火开关或在空调运转时，用万用表测量 ECU 各端子的工作电压或信号电压，其值应符合标准，否则，说明 ECU 相应部分有故障。

（5）用"代换法"检验空调电脑故障。如初步诊断结果是 ECU 有故障，在条件允许时，可用此车型的 ECU 备件或同型号空调的 ECU 进行试验，能更迅速准确地判定 ECU 是否损坏。如换件后工作正常，说明原 ECU 有故障。

（6）用模拟输入检查法诊断空调电脑故障。空调电脑是根据输入信号来自动控制风速和出风口空气温度的。因此，改变输入信号（特别是影响大的信号）时，出风口空气的温度和鼓风机转速应发生变化。根据这个原理，可以检查 ECU 是否有故障。例如，开启空调后，拔下车内温度传感器线束连接器，按顺序将代表车内温度传感器，在车内温度低、中、高温时电阻值的 3 个电阻（如 $5.5k\Omega$、$3.0k\Omega$、$1.5k\Omega$）接到车内温度传感器线束连接器上，出风口空气的温度和鼓风机转速应有明显变化，否则，说明 ECU 有故障。

5.1.1.3　自动空调执行元件（鼓风机控制元件）检修

鼓风机属于大电流用电装置，鼓风机控制元件损坏的几率较高。鼓风机控制元件的检测方法见表 5-1。

5.1.2　典型车型自动空调线路检修

5.1.2.1　雷克萨斯 ES300 自动空调输入信号电路检修

1. 车内温度传感器电路检测方法

车内温度传感器能影响到出风口空气的温度、出风口风量、模式控制门的位置、进气门的位置等。车内温度传感器的电路如图 5-2 所示。车内温度传感器电路的检测方法如下。

表 5-1　　　　　　　　　　　　　　鼓风机控制元件的检测

检测项目	检测方法	检测示意图
鼓风机电动机的静态检测	如右图所示，用万用表测鼓风机电动机端子1、2之间的电阻，电阻值应为0.3～1.5Ω之间，否则应更换鼓风机电动机	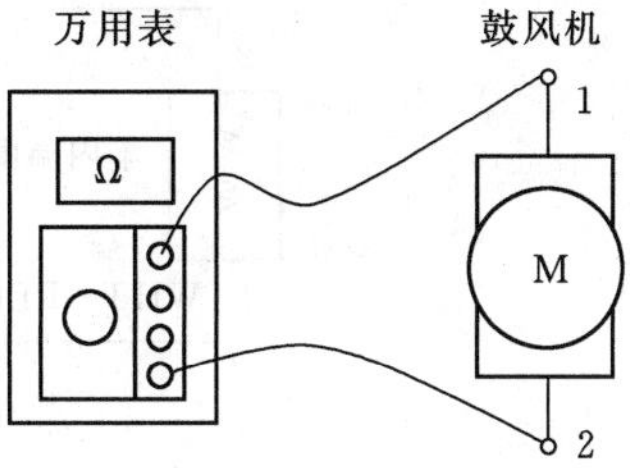
鼓风机电动机的动态检测	如右图所示，将蓄电池正极与端子1相连，负极与端子2相连，然后检查电动机运行情况，电动机运行应平稳无异响，否则应更换鼓风机电动机。 最佳的做法是：动态和静态结合进行测试	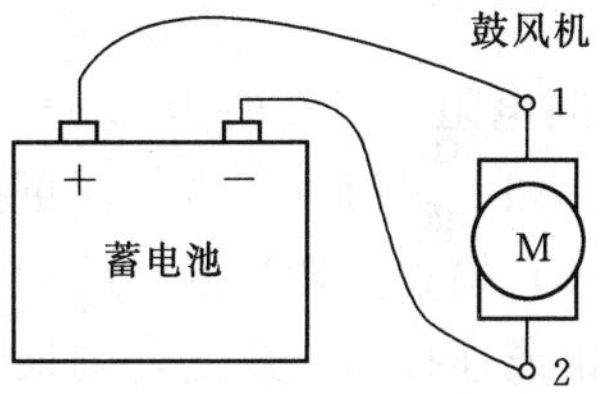
继电器的静态检测	（1）用万用表测85、86之间的电阻，电阻值应为几十欧姆（70～100Ω之间）； （2）用万用表测30、87之间的电阻，其阻值应为无穷大，否则应更换	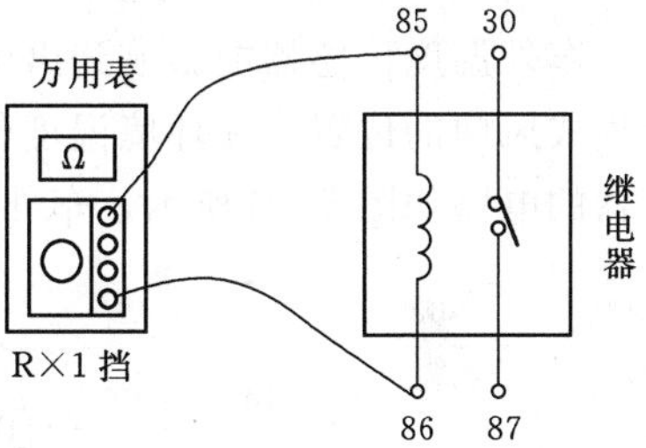
继电器的动态检测	（1）在85、86之间加上12V的电压，应听到"叭"的继电器吸合声。 （2）用万用表测30、87之间应导通，否则应更换	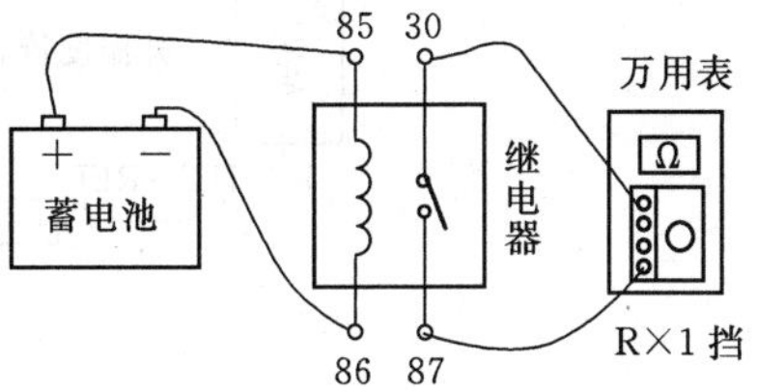
鼓风机电阻器的检测	鼓风机电阻器安装在鼓风机外壳上，与鼓风机串联在一起，可用万用表检测。如右图所示测量电阻时，大约为2～3Ω（以丰田ES300轿车为例），否则为出现故障应更换	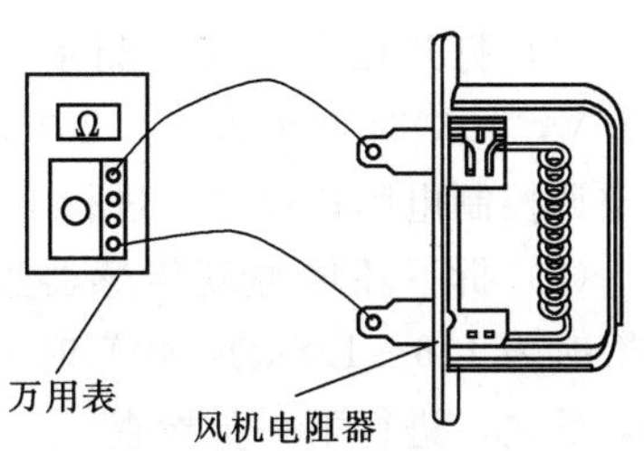

　（1）打开点火开关，测量空调控制电脑的端子 TR、SG 间电压，25℃时应为 1.8～2.2V，40℃时应为 1.2～1.6V。如果电压不正常，应检修空调控制电脑；反之，进行下一步检查。

　（2）脱开车内温度传感器连接器，用电吹风加热传感器，并检测传感器连接器端子

111

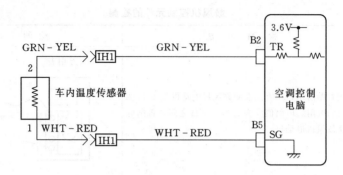

图5-2　车内温度传感器电路检查

1、2间电阻：25℃时为 1.6～1.8kΩ，40℃时为 0.5～0.7kΩ，同时阻值随温度升高逐渐下降。如电阻值不正常，应更换传感器；反之，进行下一步检查。

（3）检查空调控制电脑和车内温度传感器间的线束和连接器，如果不正常，修理或更换线束或连接器；反之，则检查和修理空调控制电脑。

2. 车外温度传感器电路检测方法

车外温度传感器能影响到出风口空气的温度、出风口风量、送风模式风门的位置、进气模式风门的位置。在环境温度低于某值（如 2℃），还会停止压缩机工作。车外温度传感器的电路如图5-3所示，车外温度传感器电路的检测方法如下。

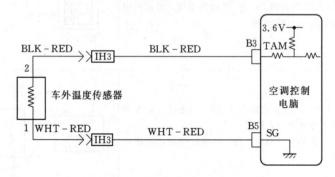

图5-3　车外温度传感器电路

（1）打开点火开关，测量空调控制电脑端子 TAM、SG 间电压：25℃时为 1.35～1.75V，40℃时为 0.85～1.25V，同时电压值随温度升高而减小。如果电压不正常，应检修空调控制电脑；反之，进行下一步的检查。

（2）拆下环境温度传感器连接器，测量环境温度传感器连接器端子 1、2 间电阻：25℃时为 1.6～1.8kΩ，40℃时为 0.5～0.7kΩ。如果电阻值不正常，应更换环境温度传感器，反之，进行下一步检查。

（3）检查空调控制电脑和环境温度传感器间的线束和连接器，如果不正常，应修理或更换线束或连接器；反之，检查和修理空调控制电脑。

3. 蒸发器温度传感器电路检查方法

蒸发器温度传感器能测量蒸发器表面温度，用于修正空气混合风门的位置和鼓风机的时滞控制。在蒸发器表面温度低于 0℃时，使压缩机不工作，防止蒸发器表面结霜。蒸发器温度传感器的电路如图 5-4 所示。蒸发器温度传感器电路的检测方法如下。

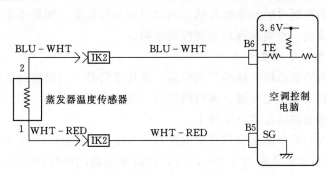

图 5-4　蒸发器温度传感器电路

（1）打开点火开关，测量空调控制电脑端子 TE、SG 间电压：0℃时为 2.4～2.9V，15℃时为 1.4～1.8V，同时电压随温度升高而减小。如果电压不正常，检修空调控制电脑；反之，进行下一步检查。

（2）拆下蒸发器温度传感器，在冰水中测量蒸发器温度传感器连接器端子 1、2 间电阻：0℃时为 4.6～5.1kΩ，15℃时为 2.1～2.6kΩ，同时电阻值随温度升高而减小。如果电阻不正常，应更换蒸发器温度传感器；反之，进行下一步检查。

（3）检查空调控制电脑和蒸发器温度传感器间的线束和连接器，如果不正常，应修理或更换线束或连接器；反之，检查和修理空调控制电脑。

4. 水温传感器电路检查方法

水温传感器能测量加热器芯表面温度，用于修正空气混合风门的位置。在水温过低时，系统会启动鼓风机的预热控制。水温传感器的电路见图 5-5。水温传感器电路的检测方法如下。

（1）打开点火开关，检查空调控制电脑端子 TW、SG 间电压：0℃时为 2.8～3.2V，40℃时为 1.8～32.2V，70℃时为 0.9～1.3V。同时电压随温度升高而减小。如果电压值正常，进行下个电路检查；如果显示故障码"14"，检修空调控制电脑；反之，进行下一步检查。

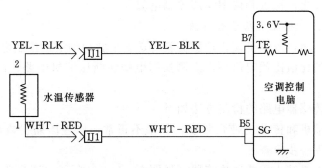

图 5-5　水温传感器电路

（2）拆下水温传感器，测量水温传感器连接器端子 1、2 间电阻：0℃时为 50kΩ 或更低。40℃时为 2.5～2.7kΩ，100℃时为 0.2kΩ 或更高，同时电阻值随温度升高而减小。

如果电阻值不正常，应更换水温传感器；反之，进行下一步检查。

（3）检查空调控制电脑和水温传感器间的线束和连接器。如果不正常，应修理或更换线束或连接器；反之，检查和修理空调控制电脑。

5. 阳光传感器电路检查方法

阳光传感器用光电二极管检测日光辐射，并传送信号至空调控制电脑。阳光传感器通过测量阳光的强弱来修正空气混合风门的位置与鼓风机的转速等。图5-6为阳光传感器电路。阳光传感器电路的检测方法如下。

（1）打开点火开关，测量空调控制电脑端子S5、TS间电压：传感器受到电灯照射时低于4.0V，传感器盖上布时为4.0～4.5V，同时电压值随电灯远离而增大。如果电压值正常，进行下个电路检查；如果故障码"21"仍显示。检修空调控制电脑；反之，进行下一步检查。

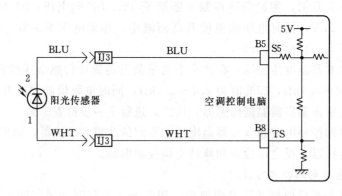

图5-6　阳光传感器电路

（2）拆下阳光传感器，脱开传感器连接器，在传感器上盖块布。将欧姆表正极接传感器端子2，负极接传感器端子1。测量两端子间电阻，应为无穷大。将布取下，用一电灯照射传感器。测量传感器两端子间电阻，应低于10kΩ，同时电阻值随电灯远离而增大。如果电阻值不正常，应更换阳光传感器；反之，进行下一步检查。

（3）检查空调控制电脑和阳光传感器间的线束和连接器，如果不正常，应修理或更换线束或连接器；反之，检查和修理空调控制电脑。

6. 压缩机锁止传感器电路检查方法

发动机每转一圈，压缩机锁止传感器就传送4个脉冲到空调控制电脑。如果压缩机转速与发动机转速的比值比预定值小，空调控制电脑切断压缩机电路；同时每隔1s指示灯闪亮一次。

压缩机锁止传感器电路的检测方法如下。

（1）检查压缩机和传动皮带张紧度，如果不正常，修理压缩机或调整传动皮带张紧度；反之，进行下一步检查。

（2）脱开压缩机锁止传感器连接器，如图5-7（a）所示，测量压缩机锁止传感器连接器端子1、2间电阻，20℃时为570～1050Ω，100℃时为740～1400Ω。如果电阻值不正常，应更换压缩机锁止传感器；反之，进行下一步检查。

（3）检查空调控制电脑和压缩机锁止传感器间的线束和连接器，如图5-7（b）所

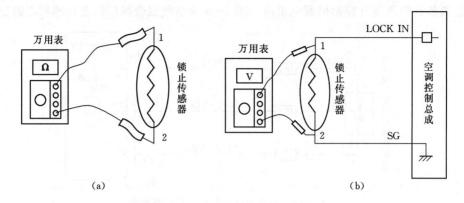

图 5-7 压缩机锁止传感器检测

(a) 测量压缩机锁止传感器连接器端子 1、2 间电阻；(b) 检查空调控制电脑和压缩机锁止传感器间的线束

示。如果不正常，应修理或更换线束或连接器；反之，进行下个电路检查，如果故障码"22"仍显示，应检查和修理空调控制电脑。

7. 压力开关电路检查

当空调制冷剂压力降得太低或升得过高时，压力开关会传送信号至空调控制电脑，空调控制电脑通过 ECU 输出信号切断压缩机继电器，并断开电磁离合器。图 5-8 为压力开关电路及空调控制电脑连接器。

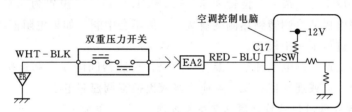

图 5-8 压力开关电路及空调控制电脑连接器

压力开关电路的检测方法如下。

（1）安装好歧管压力表，打开点火开关。当空调制冷剂压力变化时，测量空调控制电脑 PSW 端子与车身接地间电压如下：低压侧，压力为 225kPa 时导通，电压为 0V；196kPa 时关闭，电压为 12V。高压侧，压力为 2250kPa 时导通，电压为 0V；3140kPa 时关闭，电压为 12V。如果电压变化不符合要求，进行下一步检查；反之，进行下个电路检查。

（2）拆下压力开关连接器，当空调制冷剂压力变化时，检查压力开关端子 1、4 间导通性，如果压力开关导通不符合上一步骤中的压力要求，应更换压力开关；反之，进行下一步检查。

（3）检查空调控制电脑和压力开关、压力开关和车身接地间线束和连接器，如不正常，应修理或更换线束或连接器；反之，检查或更换空调控制电脑。

8. 空气混合风门位置传感器电路检查方法

空气混合风门位置传感器能检测空气混合风门的位置，并传送信号至空调控制电脑。

此传感器装在空气混合控制伺服电机内。图5-9为空气混合风门位置传感器电路原理图。

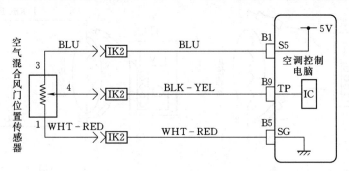

图5-9　空气混合风门位置传感器电路

空气混合风门位置传感器电路的检测方法如下。

（1）拆下空调控制电脑，但不要拔出连接器，打开点火开关，在设定温度变化时。测量空调控制电脑连接器端子TP、SG间电压；温度设定在"最冷"位置电压为3.5～4.5V；"最热"位置电压为0.5～1.8V。同时电压值随设定温度增加而逐渐减小，但不会中断。如果显示故障码"31或41"，则检修空调控制电脑；反之，进行下一步检查。

（2）拆下空气混合伺服电机，并脱开伺服电机连接器，测量空气混合控制伺服电机连接器端子4、5间电阻，应为4.8～7.5kΩ。测量空气混合控制伺服电机连接器端子3、5间电阻：温度设定在"最冷"位置为3.5～5.8kΩ；"最热"位置为0.95～1.45kΩ。同时电阻值随伺服电机从冷侧转到热侧逐渐减小，但不会中断。如果电阻值不正常，应更换传感器；反之，进行下一步检查。

（3）检查空调控制电脑和空气混合风门位置传感器间的线束和连接器。如果不正常，应修理或更换线束或连接器；反之，应检修或更换空调控制电脑。

9. 进气模式风门位置传感器电路检查方法

进气模式风门位置传感器能检测进气风门的位置，并发送信号至空调控制电脑。此位置传感器装在进气模式控制伺服电机内。图5-10为进气模式风门位置传感器电路及空调控制电脑连接器。

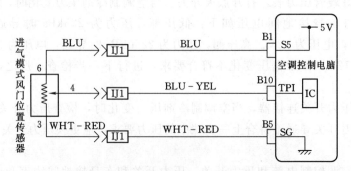

图5-10　进气模式风门位置传感器电路及空调控制电脑连接器

进气模式风门位置传感器电路的检测方法如下。

（1）拆下空调控制电脑，但不要拔出连接器，打开点火开关，在设定温度变化时。测量空调控制电脑连接器端子 TPI、SG 间电压：温度设定在"外循环"位置电压为 3.5～4.5V；"内循环"位置电压为 0.5～1.8V。同时电压值随设定温度增加而逐渐减小，但不会中断。如果电压值正常，进行下个电路检查；如果故障码"31 或 41"显示，检修空调控制电脑；反之，进行下一步检查。

（2）拆下进气模式伺服电机，并脱开伺服电机连接器，测量进气模式控制伺服电机连接器端子 4、5 间电阻，应为 4.8～7.5kΩ。测量空气进气模式伺服电机连接器端子 3、5 间电阻：温度设定在"内循环"位置电阻为 3.5～5.8kΩ；"外循环"位置为 0.95～1.45kΩ，同时电阻值随伺服电机从冷侧转到热侧而逐渐减小，但不会中断。如果电阻值不正常，应更换传感器；反之，进行下一步检查。

（3）检查空调控制电脑和进气模式风门位置传感器间的线束和连接器，如果不正常，应修理或更换线束或连接器；反之，检修或更换空调控制电脑。

5.1.2.2 ES300 自动空调执行器电路检修

1. 鼓风机控制电路检测与维修

（1）拆下鼓风机电机，将蓄电池正极接鼓风机接线器端子 2，负极接端子 1，检查鼓风机电机是否平稳转动，如果不正常，修理或更换鼓风机电机；反之，进行下一步检查。

（2）检查蓄电池和鼓风机电机及鼓风机电机和车身接地间的线束和连接器，如果不正常，修理或更换线束和连接器。

2. 空气混合控制伺服电机电路检查

空调控制电脑控制空气混合控制伺服电机并控制它在预定位置。空气混合控制伺服电机电路如图 5-11 所示，其检查方法如下。

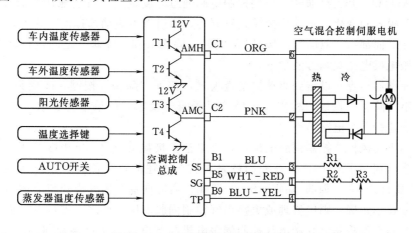

图 5-11　空气混合控制伺服电机电路

（1）暖机。设定到驱动器检查模式，按下"DEF"按键，改变驱动器检查模式至分步操作，检查空气混合风挡的动作和鼓风机的状况，如果不符合表中要求，则进行下一步检查。

（2）拆下空气混合控制伺服电机，将蓄电池正极接端子 1，负极接端子 2，空气混合控制伺服电机控制杆慢慢地转向冷侧（左方向盘车）或热侧（右方向盘车）；将蓄电池反接，空气混合控制伺服电机控制杆慢慢地转向相反方向。如果空气混合控制伺服电机工作不正常，则应修理或更换；反之，进行下一步检查。

（3）检查空调控制电脑和空气混合控制伺服电机间的线束和连接器，如果不正常，则应修理或更换线束或连接器；反之，检查和更换空调控制电脑。

3. 送风模式控制伺服电机电路检查

送风模式控制伺服电机电路原理如图5-12所示。来自空调控制电脑的信号驱动伺服电机改变每个模式风挡位置。

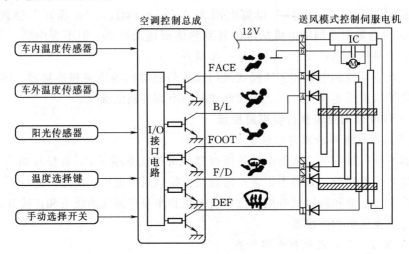

图5-12 送风模式控制伺服电机电路

当"AUTO"开关接通时，空调控制电脑通过温度设定，自动地在"面部"、"双向"和"脚部"模式间变化。手动选择模式有五种，通过按下手动选择模式开关，可以将送风模式分别在"面部"、"双向"、"脚部"、"脚部/除霜"和"除霜"之间进行选择。送风模式控制伺服电机电路检测方法如下。

（1）驱动器检查。设定到驱动器检查模式，按下"除霜"按键，改变到分步操作后，按顺序按下"除霜"按键，检查气流模式是否符合要求，如果不合要求，进行下一步检查；反之。进行下个电路检查。

（2）拆下送风模式控制伺服电机，将蓄电池正极接端子2，负极接端子1，再将蓄电池负极依次接到端子4～8，检查控制杆是否转至下述的每个位置：4——面部、5——双向、6——脚部、7——脚部/除霜、8——除霜，右方向盘车出气模式与上述顺序相反。如果控制杆动作不正确，则应修理或更换出气控制伺服电机；反之，进行下一步检查。

（3）检查空调控制电脑和出气控制伺服电机与蓄电池与车身接地间的线束和连接器。如果不正常，则应修理或更换线束和连接器；反之，修理或更换空调控制电脑。

4. 进气模式控制伺服电机电路检查

进气模式控制伺服电机电路原理如图5-13所示。来自空调控制电脑的信号驱动伺服电机改变进气模式风挡位置。

当"AUTO"开关接通时，空调控制电脑通过温度设定，自动地在"新鲜"、"20％新鲜和80％循环"、"循环"模式间变化。手动选择模式有两种，通过按下手动选择模式开关，可以将进气模式在"新鲜"和"循环"之间进行选择。进气模式控制伺服电机电路

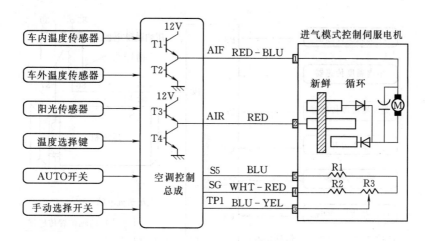

图 5 - 13　进气模式控制伺服电机电路

检测方法如下。

（1）驱动器检查。设定到驱动器检查模式，按下"除霜"按键，改变到分步操作后，按顺序按下"除霜"按键，检查进气模式是否符合要求，如果不合要求，则进行下一步检查；反之，进行下个电路检查。

（2）拆下进气模式控制伺服电机，将蓄电池正极接端子 1，负极接端子 2，进气模式控制伺服电机控制杆慢慢地转向"FRESH（新鲜）"侧；将蓄电池反接，进气模式控制伺服电机控制杆慢慢地转向"RECIRC（循环）"侧。如果工作不正常，则应修理或更换；反之，进行下一步检查。

（3）检查空调控制电脑和进气模式控制伺服电机与蓄电池与车身接地间的线束和连接器。如果不正常，则应修理或更换线束和连接器；反之，修理或更换空调控制电脑。

5. 压缩机控制电路检查

ES300 空调压缩机控制电路原理如图 5 - 14 所示。该电路能完成压缩机的基本控制和保护控制两种模式。基本控制用于实现降温功能，保护控制用于实现空调系统的高效、安全工作，并用于发动机的功率保护等。

当按下"AUTO"和"A/C"开关时，空调控制电脑从 ACI 端子输出电磁离合器啮合信号到 ECM（发动机电脑）。当 ECM 收到这个信号时，它从 ACT 端子发出一信号至空调控制电脑，空调控制电脑接通电磁离合器继电器，然后接通空调电磁离合器。

5.1.2.3　冷却风扇控制电路检修

1. 电控液力发动机冷却风扇系统的检查

电控液力发动机冷却风扇系统的检查方法如下。

（1）连接诊断座中 OP1（或 OFT）和 E1 脚，此时风扇转速应固定在 1100r/min（因为两个脚跨接时，风扇控制水温传感器电路即为接地，风扇电脑据此信号控制电磁阀，则固定了风扇转速），若机械元件及油路正常，而电路有故障（不含风扇电脑和电磁阀）造成风扇工作异常，则可采用此法提供故障缓行功能。

（2）液位检查：启动发动机至热车，储油箱的液位差（即发动机静止时的液位—发动

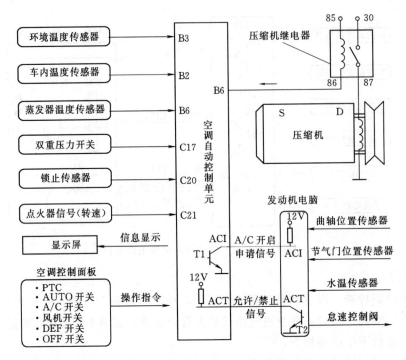

图 5-14 压缩机控制原理简图

机运行时的液位）不得大于 5mm。

（3）油压检查：将油压表安装于液力发动机压力油管处（即该发动机的进油管），且空调开关 OFF（关闭），连接诊断座中的 OP1（或 OPT）与 E1，启动发动机至热车，怠速时油压应为 0.98～1.96MPa。拆掉连接跨线，油压应下降，若油压低于标准值，则为液力泵故障或储油箱缺油；若油压正常且电路也正常的情况下，风扇转速太低，则为液力发动机故障。

（4）电路检查：拆下手套箱，然后拆下风扇控制电脑（仪表板下右上角），脱开连接器，在连接器配线上检查以下各项。

1）点火开关 ON，1 与接地之间电压应为 12V。

2）点火开关 OFF，2 与 3 之间电阻应为 7.6～8.0Ω（20℃时）。

3）4 与接地之间电阻应为 0。

4）8 与接地之间：脱开空调高压开关配线连接器，电阻应为无穷大；接上连接器时，应为 0。

5）5 与接地之间：节气门打开时，电阻应为无穷大；节气门关闭时，应为 0。

6）9 与 10 之间：水温为 80℃时，电阻应为 1.48～1.58Ω。

（5）空调高压开关检测：脱开该开关配线连接器，由开关处测量以下各项。

1）当空调开关 OFF 且空调系统压力不大于 1.25MPa 时，2 和 3 之间电阻应为 0。

2）当空调开关及空调风扇开关均 ON，且空调系统压力不小于 1.55MPa 时，2 和 3 之间电阻应为无穷大。

2. 维修经验

上述系统虽比一般的电控风扇要复杂，但只要掌握了一定的维修技巧，也可以较快地排除故障。当发动机水温过高或风扇工作异常，而怀疑此系统故障时，可由浅入深地进行检测。修理经验是：先查液位及液压油品质，后查液力泵（注：若液力泵故障时，同时可能导致转向困难），再查液力发动机及所有管路、接头，最后检查电子元件（注：电脑、电磁阀等电子元件损坏的情况极少，在确认电脑的电源、接地均为正常时，才可以考虑电脑有故障）。

5.1.3 自动空调的常见故障

自动空调控制线路较复杂，诊断自动空调线路故障需具备一定的专业知识和经验，且诊断其线路故障有一定的难度。如何快捷、准确地查找出故障所在并将之修复，常常使汽车维修工犯愁。

5.1.3.1 自动空调的常见故障

自动空调故障类型较多，本单元以线路故障为切入点进行分析和相应的技能训练。自动空调常见的故障类型主要有鼓风机不能转，鼓风机高速运转、鼓风机转速慢、自动空调送风量不足、电磁离合器不能吸合、自动空调制冷效果差等几种。

5.1.3.2 鼓风机常见故障的诊断

1. 故障现象

不管按下手动开关还是自动开关，鼓风机都不能运转。

2. 可能原因推测

以图 5-15 所示电路为例，根据鼓风机线路控制原理可知，鼓风机不能运转的可能原因一般有如下几方面：输入信号电路故障（鼓风机控制开关或传感器故障）、空调控制电脑故障、鼓风机执行电路故障。

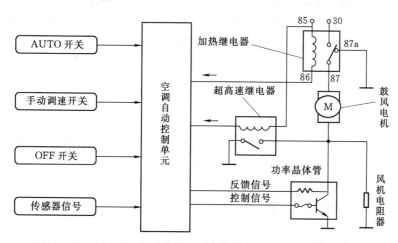

图 5-15　鼓风机线路控制原理

3. 诊断方法及诊断流程

采用模块分割法进行诊断，分区域进行诊断和排除。具体诊断流程如下。

（1）通过按下手动调速开关的方法，判断故障是否出在输入信号电路部分（鼓风机控制开关或传感器故障）。若按下手动调速开关时风机能运转，说明是传感器故障，此时可利用空调系统的自诊断系统进行辅助诊断。

（2）若按下手动调速开关时风机不能运转，首先应通过观察显示器的显示情况判断鼓风机控制开关是否损坏。若显示器显示手动调速开关变速信息，说明手动调速开关正常，此时应对执行器或控制电脑进行检查，如图 5-16 所示。

（3）接下来应对执行器电路进行检查。诊断时以鼓风机为中心，将鼓风机执行电路划分为"风机前"和"风机后"两部分，即加热继电器线路划分为"风机前"电路，风机电阻器、超高速继电器和功率晶体管划分为"风机后"电路。继续细分，以加热继电器为中心，将加热继电器线路划分为控制线路和主电路。

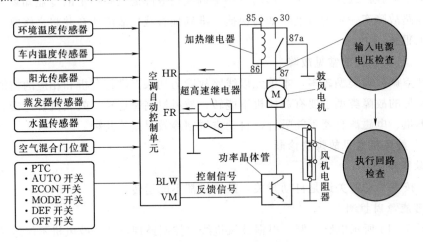

图 5-16　检查鼓风机及控制线路的方法

1）"风机前"电路故障诊断。首先将加热继电器作为切入点，理由有二：继电器一般安装在继电器盒内，位置不隐蔽，易于检查；另外，继电器出故障的几率较高。检查方法：通过听声音或触摸法感测控制线路是否有故障。若继电器有吸合动作，说明控制线路（电脑）无故障，需对主电路进行检查。

2）"风机后"电路故障诊断。诊断时将执行路分为低速回路、高速回路、低速至高速之间的变化回路。

5.1.3.3　压缩机控制线路故障诊断

下面以一例自动空调线路故障的诊断和排除为主线，简要地阐述压缩机控制原理、信号传输过程、发现故障的思路以及检修故障的技巧等。

1. 故障

空调压缩机电磁离合器不能吸合。

2. 故障原因分析

根据压缩机控制原理，再结合故障现象，推测出造成压缩机电磁离合器不能吸合故障的可能原因如下：空调电脑故障、输入信号电路故障、压缩机驱动电路故障。经初步分析，决定采用区域排除法对故障进行诊断。

3. 故障诊断与维修

（1）检查压缩机驱动电路。启动发动机，先后按下"AUTO"和"A/C"开关，用万用表测量压缩机电磁离合器输入线，无输入电源。拔出压缩机继电器，检查压缩机继电器外围线路，85脚、30脚、87脚正常，86脚无控制回路。检查继电器性能，继电器性能良好；装回压缩机继电器。

从仪表台上拆下空调电脑，用小试灯驱动B6脚，压缩机电磁离合器能正常吸合。说明压缩机驱动电路正常。

（2）检查ACI信号电路。为缩小诊断范围，确定故障出在空调电脑一侧还是发动机电脑一侧，决定从ACI信号电路入手。启动发动机，并按下"AUTO"和"A/C"按键，检查空调控制总成连接器端子IGN与车身接地间电压：实测电压值为13.8V，正常值应为0.5V以下。这说明空调电脑无申请信号输入空调电脑，故障应出在空调电脑及输入信号一侧。

（3）输入信号电路检查。

1）压力开关电路检查。打开点火开关。测量空调控制总成PSW端子与车身接地间电压：电压为0.2V，说明压力开关电路正常。

2）点火器电路检查。一般地，在压缩机皮带出现打滑的情况下，空调控制电脑除切断压缩机电磁离合器电源外，同时还会令A/C指示灯闪烁，但开启空调时并无此种情况出现。说明点火器电路正常。

3）压缩机锁止传感器电路检查。检查压缩机和传动皮带张紧度，正常。脱开压缩机锁止传感器连接器，如图5-14所示，测量压缩机锁止传感器连接器两端子间电阻，20℃时为570～1050Ω，100℃时为740～1400Ω。电阻值正常。检查空调控制总成和压缩机锁止传感器间的线束和连接器，正常。

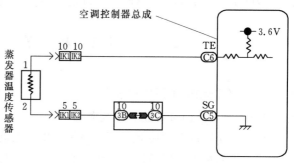

图5-17 蒸发器温度传感器电路

4）蒸发器温度传感器电路检查。如图5-17所示，打开点火开关，测量空调控制总成的端子TE、SG间电压为3.1V（当时天气温度为27℃），与标准25℃时电压为1.8～2.2V，40℃时电压为1.2～1.6V不符。拔下传感器温度蒸发器，测量端子TE、SG间电压为3.64 V，说明空调电脑及蒸发器温度传感器线路正常。另外，测量蒸发器温度传感器电阻为3.68kΩ，与标准25℃时电阻为1.6～1.8kΩ，40℃时电阻为0.5～0.7kΩ不符，说明蒸发器温度传感器异常。

换上原车蒸发器温度传感器后，经检测，蒸发器温度传感器输入信号正常，但压缩机电磁离合器仍然不能吸合。至此，故障诊断陷入僵局。

（4）空调电脑故障排除。莫非是空调电脑损坏所致？拆开空调电脑进行检查，发现控制继电器的晶体管已烧结变形，型号为TS67RE。从报废的发动机旧电脑上拆下油泵控制晶体管TS67RE，按图5-18所示电路，将其焊接至空调电脑上，之后将线路复原，电磁离合器不能吸合故障排除。

但为什么晶体管会烧成那样？仔细检查压缩机控制继电器，发现继电器插反，如图

5-19所示，至此，终于找出引起压缩机电磁离合器不能吸合的原因。

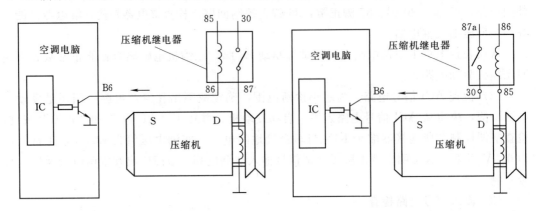

图 5-18　压缩机内部控制电路　　　　图 5-19　继电器插反后的压缩机控制电路

4．诊断结果分析

通过以上的方法和步骤，终于将这台空调的线路故障排除，并从中得出结论：造成电磁离合器不能吸合的主要原因是人为改装线路时，蒸发器温度传感器选用不当，且压缩机继电器反接，致使学生实习时将空调电脑损坏，最后使压缩机电磁离合器不能吸合。

5.2　相　关　知　识

5.2.1　汽车自动空调系统概述

5.2.1.1　汽车空调自动控制系统概述

现代汽车空调自动控制系统，由于采用了先进的控制理论并应用了计算机技术，在控制方式、控制精度和舒适性及工作可靠性方面，与传统手动控制空调系统已经有了本质的区别，只要驾驶员设定好所需工作温度，系统即自动检测车内温度和车外温度、太阳辐射和发动机工况，自动调节鼓风机转速和所送出的空气温度，从而将车内温度保持在设定范围内，并适度调节空气质量。有些高级轿车的空调自动控制系统除了温度控制和鼓风机转速控制外，还能进行进气控制、气流方式控制（送风控制）和压缩机控制，并保证系统安全可靠的工作。当系统出现故障时，还可以自动检测和诊断故障部位，并且以故障代码的方式告知维修技术人员。

典型的汽车空调自动控制系统的基本组成和工作原理如图 5-20 所示。

汽车空调自动控制系统的基本工作模式是：传感器（设定参数）→控制器→执行器。其中传感器包括一系列检测车内、车外，导风管空气温度变化和太阳辐射的传感器，以及发动机工况的传感器，并将它们变成相应的电量（电阻、电压、电流），送入控制器；早期的控制器是由电子元件，如分立晶体管、运算放大器组成，现代控制器由单片微处理器或组成系统的车身计算机构成，它根据各传感器所检测的温度参数，发动机运行工况参数和空调系统工况参数，经内部电路分析、比较后，单独或集中对执行器的动作进行控制。这种控制过程，可以计算出设定参数与实际状况的工作差别，精确地控制执行器按照程序

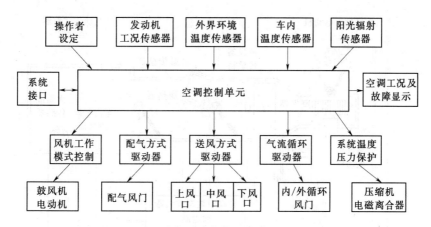

图 5-20　汽车空调自动控制系统基本组成和工作原理图

完成空调的既定工作。而执行器则采用大量的自动元件，如：调速电动机控制的风机，步进电动机控制的风门等，高效、可靠地完成调节空气质量的任务。同时，自动空调还具备完善的自我检测诊断功能，并与汽车其他计算机系统交换数据，协调车辆平稳、安全、舒适的运行。汽车空调自动控制系统基本结构如图 5-21 所示。目前，汽车空调自动控制有放大器控制型自动空调系统和微电脑控制自动空调系统两种，但是随着微电子技术的应用，放大器控制型自动空调系统已很少采用。

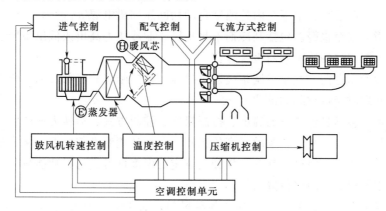

图 5-21　汽车空调自动控制系统基本结构图

5.2.1.2　微电脑控制自动空调系统

微电脑控制的汽车空调系统，不仅能按照乘员的需要吹出最适宜温度的风，而且可以根据实际需要调节风速、风量，还极大地简化了操作。由于计算机控制理论的发展和技术的进步，该系统不仅用在高级汽车空调上，也越来越多地应用在普通轿车空调系统中。

在微电脑控制的自动空调器中，每个传感器独立地将信号传送至自动空调器放大器（称为空调器 ECU，或者在某些车型中称为空调器控制 ECU），控制系统根据在自动空调器放大器的微电脑中预置程序，识别这些信号，从而独立地控制各个相应的执行器，如图5-22 所示。

微电脑温度控制的汽车空调系统具有以下几种功能。

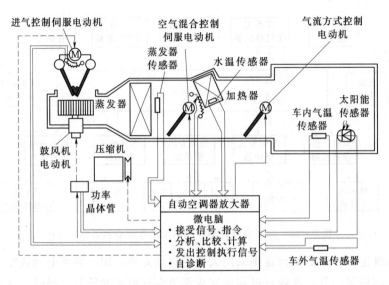

图 5-22 微电脑控制型自动空调系统

（1）空调控制。包括温度自动控制、风量控制、运转方式给定的自动控制、换气量控制等，满足车内对空调舒适性的要求。

（2）节能控制。包括压缩机运转控制、换气量的最适量控制以及随温度变化的换气切换、自动转入经济运行、根据车内外温度自动切断压缩机电源等。

（3）故障、安全报警。包括制冷剂不足报警、制冷压力高出或低出报警、离合器打滑报警、各种控制器件的故障判断报警等。

（4）故障诊断存储。汽车空调系统发生故障，微电脑将故障部位用代码的形式存储起来，在需要修理时指示故障的部位。

（5）显示。包括显示给定的温度、控制温度、控制方式、运转方式的状态等。

输入信号有三种：其一，车内温度传感器、车外环境温度传感器、阳光辐射温度传感器等各种传感器传来的信号。其二，驾驶员设定的温度信号、选择功能信号。其三，由电位计检测出空气混合风门的位置信号。

输出信号也有三种：其一，为驱动各种风门，必须向真空开关阀（VSV）和复式真空阀（DVV）或伺服电动机输送的信号。其二，为了调节风量，必须向风机电动机输送的调节电压信号。其三，向压缩机输送的开停信号。

为了保证车内温度不变，微电脑必须根据传感器感测到的车内温度，不断地调节空调器吹送出的空气温度和送风量。同时由于车内空间狭窄、车窗多、车体受阳光照射的影响较大，因此还必须对车内送风温度进行修正。此外，还有由于冷却液温度变化而进行的对加热量的修正，以及在采用经济运转方式时，由于压缩机停止运转而进行的对蒸发器出口温度上升的修正等。

微电脑的控制是根据温度平衡方程进行的。设输入设定温度的电阻为 R，车室内温度的电阻为 A，车外空气温度的电阻为 B，吹出口温度电阻为 C，阳光照射、环境、节能修正量的温度电阻为 D，则其温度平衡方程为：

$$R = A + B + C + D$$

微电脑根据这个方程进行计算、比较、判断后发出各种指令，让执行机构实施动作。

汽车空调送风量是决定车内温度的重要因素之一。微电脑控制系统根据车内温度与给定温度之间的偏差，对送风量进行连续的、无级的调节。夏季，当蒸发器的冷却温度变化时，送风量应随之改变，即送风温度低时，减少送风量，送风温度高时，增加送风量。冬季，水温低不能充分供暖时，若仍然送风会使乘客感到不适，自动控制机构可使送风中断，由预热器加热空气，使空气温度上升，待温度正常后，又开始送风。

车外新鲜空气和车内循环空气的自动切换也是通过微电脑进行控制的。在炎热的夏季，车内温度很高，为迅速降低车内温度，可暂时不使用车外新鲜空气。当空调系统使车内温度下降至一定值后，自动切换机构可进行新鲜、循环空气的风门切换，按一定比例引入新鲜空气。此外，对玻璃窗的除霜，也需要进行新鲜空气和循环空气的自动切换。在冬季或夏季雨天，必须除去玻璃窗上的结霜和凝露，以保证驾驶人员安全操作及乘客视线的清晰。在驾驶人员前方有除霜送风口吹出热风，在仪表板两侧也装有侧面除霜送风口。

根据乘客吹风的要求，吹风口可自动切换，上方和侧面吹出口吹冷风，而下方则吹暖风，满足乘客头凉脚暖的舒适性要求。例如：车内温度给定值为25℃，夏季车外温度为35℃时送冷风，空气经蒸发器冷却后由冷风口吹出；在春、秋过渡季节，车外温度接近车内给定温度时，则采用经济运转方式，此时压缩机停止运转不制冷。这种换气方式是既经济又节能的。在冬季，当车外温度低于15℃时，空调供暖循环开始工作，加热后的空气由下部暖风口送出。

夏季阳光辐射量的变化是修正项之一。由于汽车玻璃窗面积大，车内热负荷明显增加，使车内温度升高，因此通过对阳光辐射量的修正使送风温度降低，同时混合空气调节器也要对车外新风量和车内回风量进行调节，以使车内温度满足要求。

对于使用变容量压缩机的制冷系统，压缩机的节能输出会引起蒸发器温度上升。这时微电脑可自动调节混合风门位置，保持输出空气温度不变，使车内温度恒定。

微电脑控制的汽车空调系统的工作方式设定，只需轻轻触摸一下电子触摸板按钮即可。

5.2.1.3　自动空调与手动空调的区别

自动空调系统采用普通空调系统的基础部件，自动空调和手动空调的最大区别：手动空调不能显示室内外温度，只能手动通过拉线控制操作，易出现故障；温度不能自动控制，只能通过人体感受到的温度情况手动作相应调整。自动空调具有恒温功能（车内温度不会变化），也就是说若车内温度、环境温度、阳光强度、乘员人数变化，空调控制电脑都能识别出来，并通过调节鼓风机的转速、空气混合风门的位置、甚至进气模式风门的位置，使车内温度维持在设定温度不变。其舒适性、安全性、节能环保、操控性能等方面要优于手动空调，结构上要比手动空调复杂。

5.2.2　汽车空调传感器和控制执行器件

5.2.2.1　传感器

1. 温度传感器

汽车空调自动控制系统中使用了很多不同类型的温度传感器，但最多使用的还是具有

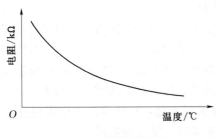

图 5-23 热敏电阻特性

负温度系数的热敏电阻。其特性如图 5-23 所示，热敏电阻阻值的变化是随着温度的升高而减小的；反之，则电阻变大。

（1）车内温度传感器（室温传感器）。车内温度传感器的作用、安装位置以及线路布置如下。

1）作用。车内温度传感器是自动空调的重要传感器之一，它影响出风口空气的温度、出风口风量、模式门的位置、进气门的位置等。车内温度传感器吸入车内空气，以确定乘客舱的平均气温。以前多采用电动机型车内温度传感器（采用电动机吸入空气），现在则普遍采用气流通过暖气装置的吸气型。使用这种采集温度的方式，可以克服轿车内空间狭小、温度分布不均匀的缺点，见图 5-24。

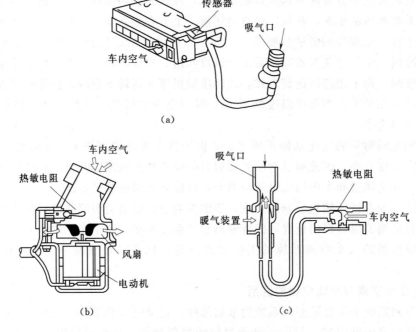

图 5-24 车内温度传感器
(a) 总体组成；(b) 电动机型；(c) 吸气型

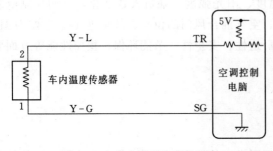

图 5-25 车内温度传感器电路

2）安装位置。车内温度传感器一般都安装在仪表台的里面（靠近空调操作面板处或直接装在空调面板的小窗口上）。如奥迪 A6 轿车维修手册。

3）车内温度传感器的线路。车内温度传感器将温度变化信号以电压高低变化的形式输入空调电脑。常见车内温度传感器的线路结构，如图 5-25 所示。

（2）车外温度传感器（环境温度传感器）。车外温度传感器也称环境温度传感器、外界空气温度传感器或大气温度传感器。车外温度传感器是自动空调的重要传感器之一，它能影响到出风口空气的温度、出风口风量、送风模式风门的位置、进气模式风门的位置等。如图5-26所示，车外温度传感器通常封装在一个注塑料树脂壳内，以防止受潮和避免对温度的突然变化作出反应，适度的惰性使其能准确地检测到车外的平均气温。

（3）蒸发器温度传感器。蒸发器温度传感器检测通过蒸发器的空气的温度，如图5-27所示。在采用热敏电阻型除霜设备的空调器中，蒸发器通常安装有两个热敏电阻：一个用于除霜设备，一个用于蒸发器温度传感器。

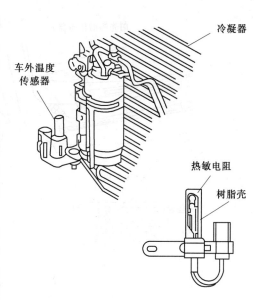

图5-26 车外温度传感器

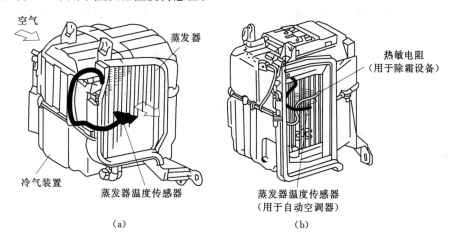

（a）   （b）

图5-27 蒸发器温度传感器

（a）普通空调；（b）自动空调

2. 阳光辐射传感器（热辐射传感器）

阳光辐射传感器一般采用光电二极管，它能检测太阳热辐射的变化，并将太阳辐射能转换为电流的变化，送入微处理器。它的安装位置和特性见图5-28。

3. 系统共用传感器

以上所述的是自动空调系统专门设置的主要传感器。除此之外，普通空调所有的传感器，自动空调也都有设置。另外，在计算机控制的自动空调系统中，与发动机、车身工况有关的各类传感器，如发动机转速、冷却水温度、节气门位置等，都将信号与其共享。

5.2.2.2　控制器

控制器分为两种类型：一种是采用IC（集成电路）控制的自动空调器，称为"放大

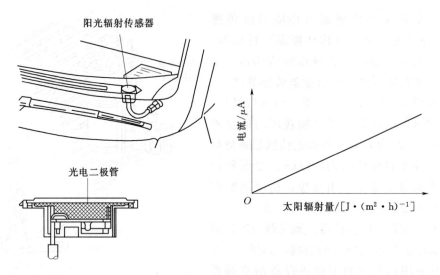

图 5 - 28 阳光辐射传感器

器控制型自动空调器";另一种是采用微处理器控制的空调器,则称为"微电脑控制型自动空调器"。这些控制器也经常被称为"系统放大器"、"自动空调器放大器"或"空调器ECU(电子控制单元)"。

图 5 - 29 所示的是微电脑控制型自动空调器控制器的基本组成。

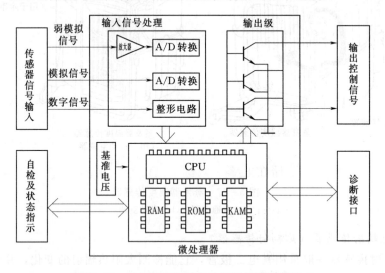

图 5 - 29 微电脑控制型自动空调器控制器组成

其控制原理如下:

传感器包括光传感器、温度传感器、转速传感器、压力传感器等,向微处理器提供信号的输入;包括驾驶员的一些操作,如空调的启动、温度及送风运行方式的选择等,也经过操作面板轻触开关传送给微处理器。输入的信号中既有用作状态指示的开关量数字信号,也有连续变化的用于调节、控制的模拟信号。对于模拟信号则通常由微处理器内部进行模数(A/D)转换后采用。

自检及状态指示，是系统工作的初始化过程，当系统正常时，一般由仪表板或信息中心的状态显示屏或者指示灯来告诉驾驶员可以操作。

输出控制信号实际有两种：一是对需要较大电流的元件，如电磁阀、风机等，输出信号去驱使驱动单元（模块）间接控制；二是对于小电动机、继电器、阀门的启闭等，则由微处理器直接输出驱动。

诊断接口是为空调系统出现故障时检修之用，通常还与整车微机系统经 CCD 总线互连，使传感器信号和空调系统工作状态信号与全车微机共享，防止重复设置传感器和数据冲突。

空调控制单元模块与普通单片机结构基本相同，但根据汽车空调使用的特点，除了装有 ROM 和 RAM 外，还设置了可保持存储器 KAM，其工作原理与 EPROM 相似。例如：微处理器能从 KAM 读取信息，也能把信息写入 KAM 中，或者擦除 KAM 中的信息。然而，当点火开关断开时，KAM 仍能保持信息，但当微处理器与蓄电池电源断开时，KAM 存储器中的信息有可能被擦除。这种 KAM 存储器在微处理器中，具有利用自适应控制可使其适应输入或输出的微小缺陷的能力，具有积累经验并自学习的能力。例如：温度传感器向它输入的电压在 0.6～0.45V 之间变化，如果一个用旧了的温度传感器给送入了一个 0.3V 的信号，微处理器就把这个信号解释为器件损坏症候，并把变更了的标定存储在 KAM 中。于是，微处理器在计算过程中就开始参照这个新的标定。这样，空调系统就能保持正常的性能。假如传感器的输出信号不稳定，或者超出正常范围，微处理器就不接受这种信号。当然，系统的自适应能力需要在下列情况出现时，有一小段学习时间，即：断开蓄电池引线之后；更换或者断开空调系统的某个元件之后，装在新车上时。这个学习时间一般为 5min 左右。

控制器的工作，通常按以下 4 步进行：

（1）输入：传送来自输入装置的电压信号。输入装置可以是传感器或是由驾驶员操纵的开关。

（2）处理：微处理器采集输入信息并将它与程序指令比较。逻辑电路把输入信号处理成输出指令。

（3）存储：程序指令存储在电子存储器中。某些动态信号也存储在其中以便于再处理。

（4）输出：微处理器处理完传感器输入信号，并核查其程序指令后，向各个输出装置发出控制指令。这其中也包括仪表板显示和向总线提供的共享数据。

典型的控制器面板结构见图 5-30。

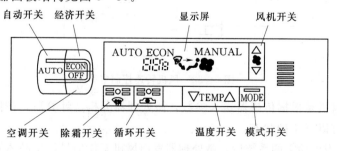

图 5-30　智能型控制面板

5.2.2.3 执行器

汽车空调自动控制系统的执行器，主要是对风机电动机、压缩机、风门伺服电动机等动作部件的控制。由于在系统中，这些部件的工况与手动空调完全不同，所以采用了先进的控制理论和控制方法。

1. 风机电动机

风机是空调系统十分重要的执行器。为了达到高效调节车内空气的目的，自动空调系统中对风机转速的控制，通常采用以下3种方式。

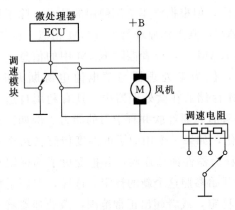

（1）晶体管与调速电阻组合型。电路结构如图5-31所示。风机控制开关有自动挡（或者经济运行模式）和不同转速的人工选择模式。当风机转速开关设定在自动挡时（或者经济运行模式），它的转速由微处理器根据传感器参数和人为设定的参数控制，晶体管导通电流的大小，决定风机的转速。若按动人工选择模式开关，则空调取消自动控制功能，执行人工设定的转速。

（2）晶体管减负荷工作型。电路原理如图5-32所示。

图5-31 组合型调速电路

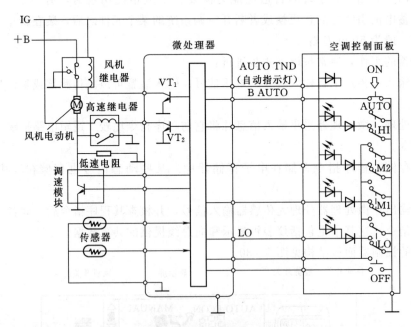

图5-32 风机转速控制电路

电路中，风机是根据传感器送入参数，微处理器分析、计算后，按照相应工作方式去工作的，通常有以下4种状态。

1）低速：当启动空调系统后，微处理器发出风机工作信号，使晶体管VT_1导通，风机继电器常开触点闭合，风机电动机通过低速电阻构成回路，风机维持最低转速。此种启动模式有利于风机平稳工作并防止损坏调速模块。当车内温度与设定温度接近或者人工设定时，亦维持最低转速。电流方向为：蓄电池→风机继电器→风机电动机→低速电阻→搭铁。

2）高速：当车内温度与设定温度差较大时，或者操作送风高速开关时，微处理器发出风机高速工作信号，使晶体管 VT_2 导通，风机电动机通过高速继电器常开触点闭合，构成回路，高速运转。电流方向为：蓄电池→风机继电器→风机电动机→高速继电器→搭铁。

3）自动：在自动工作状态（或者人工设定）时，微处理器则根据环境温度与设定温度的参数，发出控制信号，使调速模块晶体管以不同的角度导通，风机电动机无级变速，达到调节空气的目的。电流方向为：蓄电池→风机继电器→风机电动机→调速模块→搭铁。风机自动工作状态下的特性见图 5-33。

4）时滞气流控制：该控制方式仅用于制冷，以防止在炎热时阳光下久停的汽车启动空调时放出热空气。此时控制面板上的 AUTO 开关接通，当 BI-LEVEL 开关按下时，气流方式设置在 FACE，或已设置在 BI-LEVEL 时，启动压缩机工作采用时滞气流控制。其工作程序如下。

①当冷风装置内的温度不低于 30℃，压缩机接通时，时滞气流控制接通风机电动机，并保持约 4s，使冷风装置内的空气冷却。在这以后约 5s，时滞气流控制使风机以低速运转，风机将已冷却的空气送至乘客舱，如图 5-34 所示。

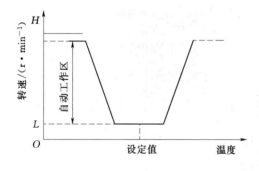

图 5-33 自动控制工作特性

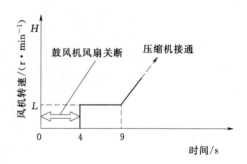

图 5-34 时滞气流控制（温度不低于 30℃时）

②当冷风装置内的温度在 30℃ 以下时，时滞气流控制使风机以低速运转约 5s，然后转入正常运转，如图 5-35 所示。

这类晶体管减负荷工作型风机转速控制电路的工作特点是：在高、低速工作状态下，风机脱离调速模块的控制，工作效率较高，损耗较小，使调速模块负荷减轻，寿命延长，在一定程度上提高了系统的可靠性。

（3）脉冲控制全调速型。目前，较先进的风机调速电路采用脉冲控制全调速型，原理结构如图 5-36 所示。

这种风机转速控制系统由微处理器根据系统送风量的要求，控制内部脉冲发生器，提供不同占空比的导通信号。调速模块中一般由大功率晶体管组成驱动风机电路，完成对其转速的无级调整工作。

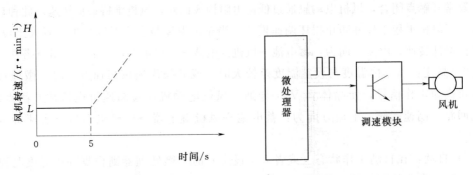

图 5-35　时滞气流控制（温度低于 30℃时）　　图 5-36　脉冲调速电动机工作原理

采用这类调速方式，既可以将功率损耗降至最低，又可以在一个很大范围内实现无级调速的功能，是新一代控制器件的典型应用。

2. 压缩机

先进的空调自动控制系统采用了可变排量压缩机的控制技术，它能依据空调系统的制冷负荷或发动机的负荷状况，来控制压缩机的排量变化，减少不必要的能量浪费，减轻发动机的负载。

这里以图 5-37 所示的 10PA17VC 可变排量压缩机为例来说明其运作模式。10PA17VC 的特点是在普通斜盘式压缩机后端增加了一套可变排量机构。

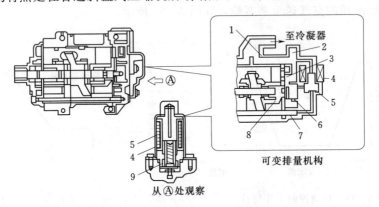

图 5-37　可变排量压缩机结构图

1—吸入阀；2—单向阀；3—排出阀；4—电磁线圈；5—电磁阀；6—柱塞；
7—后端盖；8—弹簧；9—可动铁芯

（1）工作模式。

1）全容量（100%）运作模式：如图 5-38 所示，在全容量运作中，没有电流流至电磁线圈，所以电磁阀在弹簧力推动下，打开 A 孔，关闭 B 孔。这时，在前面产生的高压气体经过旁通回路，从 A 进入电磁阀，压向柱塞后端。柱塞因此克服弹簧弹力，向左移动。在这种情况下，排出阀（与柱塞构成一整体）挤压在阀盘上。通过由旋转斜盘转动产生的活塞运作，在后部（5 个气缸）也产生高压，压缩机的所有 10 个气缸都运转。此时，在压缩机后部产生的高压将单向阀向上推。于是来自压缩机后部的高压气体与来自压缩机前部的高压气体一起，流至冷凝器。

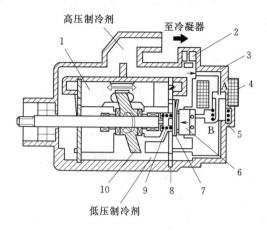
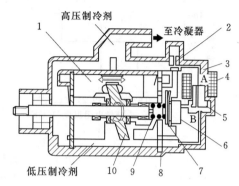

图 5-38　全容量运行模式　　　　　图 5-39　半容量运行模式

1—活塞；2—单向阀；3—旁通回路；4—电磁线圈；　　　1—活塞；2—单向阀；3—旁通回路；4—电磁线圈；

5—电磁阀；6—柱塞；7—排出阀；8—阀盘；　　　　　5—电磁阀；6—柱塞；7—排出阀；8—阀盘；

9—弹簧；10—斜盘　　　　　　　　　　　　9—弹簧；10—斜盘

2）半容量（50%）运作模式：当电流流至电磁线圈时，将电磁阀向下拉，关闭 A 孔，打开 B 孔，在压缩前端产生的高压气体不能经过旁通回路进入电磁阀。结果，作用在柱塞后端的压力降低，柱塞被弹簧弹力推回到右侧。这就使排出阀（与柱塞构成一整体）离开阀盘，停止压缩机后部（5 个气缸）的运转，而压缩机前部 5 个气缸继续运转。于是，压缩机只以半容量运转。此时，单向阀由于前、后压力差被吸出，关闭从后部排出高压气体的排出通道，防止在压缩机前部产生的高压气体回流，如图 5-39 所示。

3）压缩机关断时的运作模式：当压缩机关断时，高压端和低压端内部压力逐渐平衡。结果，柱塞被弹簧弹力推回右侧。单向阀也随高压端压力下降而落下，关闭后部的高压制冷剂的排出通道。致使排出阀和单向阀以半容量运作。当压缩机启动时，以半容量运作，从而减小压缩机启动时的震动。

（2）控制方式。控制方式有两种类型：一种是根据冷却液温度进行控制；另一种是由热敏电阻进行控制。

1）根据冷却液温度进行控制：来自水温传感器（放置在发动机冷却液出口内）的信号，对应的是一种发动机工况（负荷）信号，如发动机开始过热，这个控制即减少发动机负荷，以防止进一步过热。即控制放大器允许电流流至或不流至压缩机电磁线圈，于是，电磁线圈在全容量与半容量运作之间转换，如图 5-40 所示。

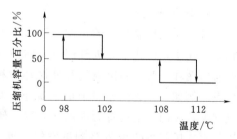

图 5-40　冷却液温度控制特性

2）由蒸发器内的热敏电阻控制：如图 5-41 所示。

当蒸发器温度上升到 4℃ 以上，压缩机受控按照 100% 容量运行，反之，蒸发器温度下降到4℃以下，压缩机受控制按照半容量运行。当蒸发器温度低于3℃，则关断压缩机。

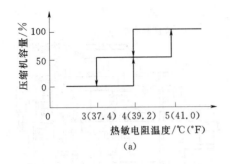

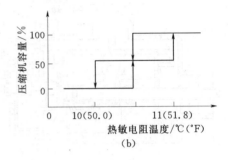

图5-41 蒸发器热敏电阻控制特性

(a) 正常制冷控制；(b) 经济制冷控制

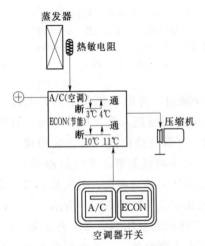

图5-42 空调模式—温度控制特性

此外，来自空调器开关的运作方式信号A/C（空调）或ECON（经济模式），和来自热敏电阻（放置在蒸发器内）的温度信号，结合控制压缩机的工况，即控制放大器允许电流流至或不流至压缩机电磁线圈，于是，电磁线圈在全容量与半容量运作之间转换，如图5-42所示。

3. 气流方式控制（配气控制）

气流方式控制的作用是根据空气调节的目标值自动地控制送气方式。

当位于空调控制面板上的AUTO（自动）开关接通时，安装在自动空调器内的微电脑收到这个信息，就根据目标值，按图5-43（a）和（b）所示方式控制送气方式。其工作过程是：当车内温度与设定值产生偏差时，微电脑发出指令改变气流方式，执行元件晶体管TV导通，使得驱动电路的输入、输出关系按照内部程序为电动机提供工作通路，伺服电动机旋转，带动触点组移到相应位置后停止，完成气流配送。

4. 进气模式控制

进气模式控制的目的是调节进入车内的新鲜空气量，使车内空气温度和质量达到最佳状态。在手动模式中，进气门只有内循环和外循环两种位置，而在自动模式中，进气门一般有内循环、20%新鲜空气和外循环3种位置。ECU根据传感器信号自动调节进气门的位置。例如：在无阳光照射的情况下，如果温度设定为25℃，环境和车内温度为35℃，进气模式风门自动设置为内循环位置，使车内温度迅速降低。当车内温度下降到30℃时，进气模式风门将变为20%新鲜空气位置。当车内温度达到目标温度时25℃，进气模式风门设定为外循环位置。

进气模式控制电路如图5-44所示，当电压施加在端子①与②或①与③上时，电动机启动。内置于自动空调器放大器中的微电脑，参考目标值，确定以何种方式作为当前工作方

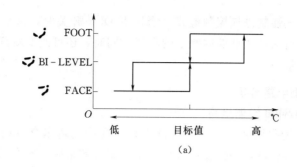

（a）

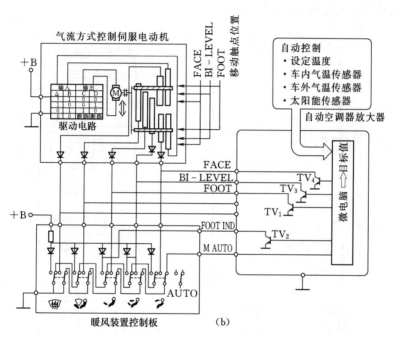

图 5-43 气流方式控制

（a）控制特性；（b）控制电路

式，并根据这一决定（此处示例是 FRESH 方式），接通 FRS（新鲜空气）晶体管。这使触点 B 接地，在端子①与③之间产生一电压差。这一电压差使电流从端子①流至电动机、移动触点、端子③、FRS TV，最后至接地。从而启动电动机，使移动触点离开 RECIRC 位置，转至 FRESH 方式位置。这将移动触点从触点 B 拉开，于是进入 FRESH 方式。

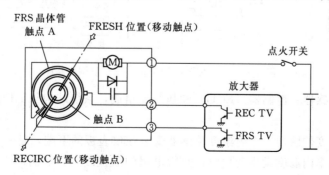

图 5-44 进气模式控制电路

它还具有新鲜空气强制进气控制模式。当按下 DEF 开关时，这个控制就强制将进气方式转至新鲜空气，清除挡风玻璃内侧上的雾气。同时，还可改变新鲜空气与循环空气的比例，以改善空气质量。

5.2.3 自动空调典型电路分析

5.2.3.1 雷克萨斯 LS400 空调电路

雷克萨斯 LS400 型空调装备，是一款较优秀的智能化轿车全自动空调控制系统。它的控制功能完备，性能优良，操作使用方便，空气调节效果好。整个系统自成体系，并且具有自诊断功能。其电路原理见图 5-45。

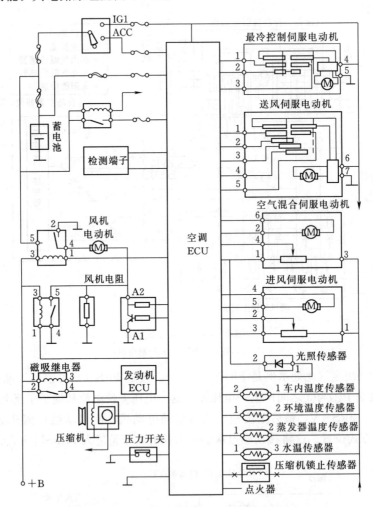

图 5-45　雷克萨斯 LS400 型汽车空调电路图

该电路由传感器、控制器（ECU）和执行器组成，系统结构与工作原理如下。

1. 传感器

（1）车内温度传感器。车内温度传感器安装在仪表板的下端，是一个具有负温度系数的热敏电阻。当车内温度发生变化时，热敏电阻的阻值改变，从而向空调 ECU 输送车内温度信号。

（2）车外环境温度传感器。车外环境温度传感器安装在前保险杠右下端，它也是一个热敏电阻，向空调ECU输送车外温度信号。

（3）蒸发器温度传感器。该传感器安装在蒸发器壳体上，用以检测制冷装置内部的温度变化。当蒸发器周围温度发生变化时，传感器电阻的阻值也随之改变，并向空调ECU输出电信号。

（4）光照传感器。它是一个光敏二极管，安装在汽车前挡风玻璃下面。利用光电效应，该传感器将阳光辐射程度转变成电信号，并输送给空调ECU。

（5）水温传感器。它直接安装在暖气芯底部的水道上，检测冷却液温度。产生的水温信号输送给空调ECU，用于低温时的风机转速控制。

（6）压缩机锁止传感器。这是一种磁电式传感器，安装在空调装置的压缩机内，检测压缩机转速。压缩机每转一圈，该传感器线圈产生4个脉冲信号输送给空调ECU。

2. 空调控制器（ECU）

空调ECU与操纵面板制成一体，它对输入的各种信号进行计算、分析、比较后，发出指令，接通所需的电路并指令伺服电动机转动，按照功能选择键的输入指令，打开所需的出风口风门、调节出风温度；按照输入的预设温度，控制温度风门的位置；按照输入气源门的空气来源，指令气源门电动伺服电动机工作等。

（1）计算所需送风温度。空调ECU根据驾驶员设定温度及各传感器输送的数据，按下面公式计算出所需的送风温度 T_0。

$$T_0 = aT_S + bT_R + cT_A + dT_B + e$$

式中：T_S 为驾驶员设定的温度，℃；T_R 为车内温度，℃；T_A 为车外环境温度，℃；T_B 为光照传感器输送数据；a、b、c、d、e 为系数。

空调ECU根据 T_0 值，向伺服电动机等执行元件发出控制信号，实现各种控制功能。但是当驾驶员将温度设置在最冷或最热时，空调ECU将用固定值取代上述计算值进行控制，以加快响应速度。

（2）车内温度控制。空调ECU根据下列公式计算出空气混合挡风板开度值

$$S = \frac{T_0 + f - (T_E + g)}{h - (T_E + g)} \times 100\%$$

式中：T_E 为蒸发器温度，℃；f、g、h 为系数。

当 S 值近似为零时，表示 T_0 与 T_E 接近，空调ECU即截止输入空气混合伺服电动机的控制电流，空气混合挡风板处在原位置。若 S 值小于零，表示 T_0 小于 T_E，空调ECU控制空气混合挡板向冷的方向转动，降低出风温度。与此同时，电动机内的电位计将挡风板的转动位置信号反馈给ECU，当温度降低使 S 值近似为零时，ECU切断电流，伺服电动机停止转动。若 S 值大于零，表示 T_0 大于 T_E，于是空调ECU控制空气混合挡风板向热的方向转动，提高出风温度，直至 S 值重新接近于零。

（3）风机转速控制。如图5-46所示为风机转速控制电路。当按下"低速"键时，空调ECU的端子1与端子2导通，1号继电器吸合，电流流经电动机及一个电阻器后接地，风机电动机以低速旋转。当按下"中速"键时，空调ECU的端子1与端子2导通，1号

继电器吸合，同时 ECU 端子 4 间歇性地向功率管端子 6（基极）输入控制电流，使它间歇性导通，这样，风机控制电流流经电动机后，可以间歇性地经功率管端子 7 和端子 9 接地。风机转速取决于功率管的导通时间。当按下"高速"键时，空调 ECU 的端子 5 与端子 2 导通，2 号继电器吸合，风机控制电流经电动机和 2 号继电器触点后接地，电动机以高速旋转。它属于减负荷控制方式。

当按下"自动控制"键时，空调 ECU 根据 T_0 值自动调整风机转速。若水温传感器检测到水温低于 40℃时，ECU 控制风机停止。

（4）进风方式控制。当按下某个逆风方式键时，空调 ECU 控制逆风伺服电动机转动，将进风挡风板固定在"车外新鲜空气导入"或"车内空气循环"位置上。当按下"自动控制"键时，空调 ECU 根据 T_0 值，在上述两种方式之间交替自动改变送风方式。

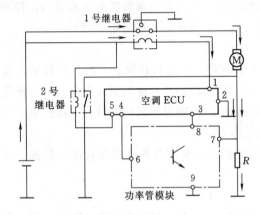

图 5-46　风机转速控制电路

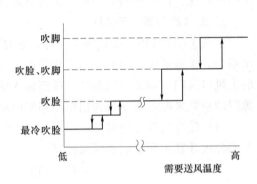

图 5-47　送风方式与送风温度关系曲线

（5）送风方式控制。当按下某个送风方式控制键时，空调 ECU 控制送风方式伺服电动机动作，将送风方式固定在相应状态上。当进行自动控制时，空调 ECU 根据求得的 T_0 值，按如图 5-47 所示的关系曲线，自动调节送风方式。当 T_0 值非常小时，最冷控制挡风板完全开启，增加送风风力。

（6）压缩机工作控制。同时按下"空调（A/C）"键和"风机"键，或按下"自动控制"键，空调 ECU 使电磁离合器吸合，压缩机开始工作。压缩机控制电路如图 5-48 所示。工作过程为：空调 ECU 的 MGC 端首先向发动机 ECU 发出压缩机工作信号，发动机ECU 的 A/C MG 端随即通过内部晶体管接地，使继电器吸合，电流流入压缩机电磁离合器，压缩机运转。与此同时，电流也加到空调 ECU 的 A/C 1 端，向空调 ECU 反馈压缩机工作信号。

进行自动控制时，若环境温度或蒸发温度降至一定值以下，空调 ECU 将控制压缩机间歇工作，即电磁离合器交替导通与断开，以节省能源。

空调装置工作时，空调 ECU 同时从发动机点火器及压缩机锁止传感器采集发动机与压缩机转速信号，并进行比较。若两种转速信号的偏差率连续 3s 超过 80%，ECU 则判定压缩机锁死，同时与电磁离合器脱开，防止空调装置进一步损坏；并使操纵面板上的 A/C 指示灯闪烁，以提示驾驶员。

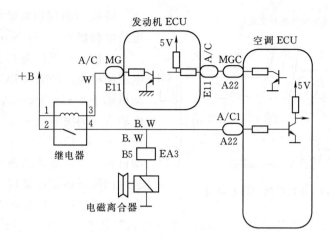

图 5-48　压缩机控制电路

3. 执行器

执行器主要包括控制伺服电动机、风机及压缩机磁吸等，各种挡风板的位置如图 5-49 所示。

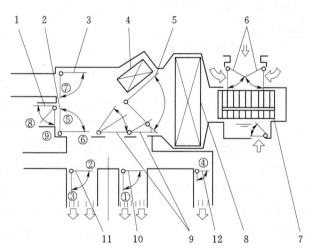

图 5-49　各种挡风板（风门）位置

1—除霜风口挡风板（⑧开启，⑨关闭）；2—风口挡风板（⑤开启，⑥关闭）；3—取暖挡风板
（⑦关闭）；4—取暖器芯；5—空气混合挡风板；6—进风挡风板；7—风机电动机；
8—蒸发器；9—最冷控制挡风板；10—中央风口挡风板（①开启）；11—后
风口挡风板（②关闭，③开启）；12—侧风口挡风板（④关闭）

（1）进风控制伺服电动机。该电动机控制送风方式，电动机的转子经连杆与逆风挡风板相连，如图 5-50 所示。当驾驶员使用送风方式控制键选择"车外新鲜空气导入"或"车内空气循环"模式时，空调 ECU 即控制进风伺服电动机带动连杆顺时针或逆时针旋转，从而带动逆风挡风板闭合或开启，达到改变送风方式的目的。该伺服电动机内装有一个电位计，随电动机转动，并向空调 ECU 反馈电动机活动触点的位置情况。

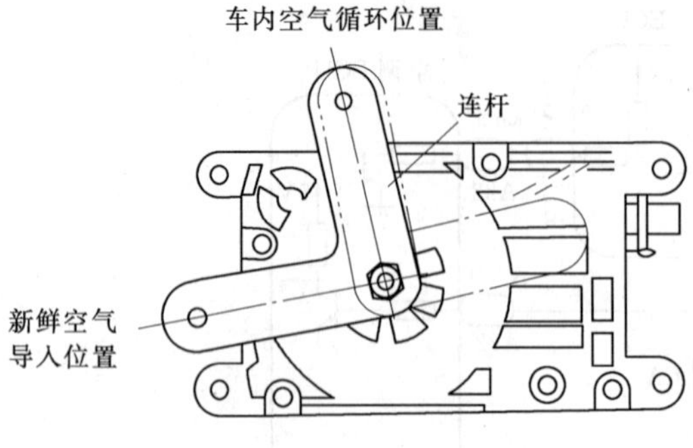

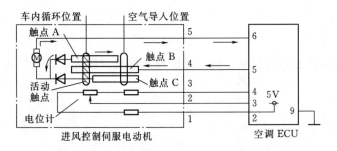

车内空气循环位置

连杆

新鲜空气
导入位置

图 5-50 进风控制伺服电动机

进风控制伺服电动机与空调 ECU 的连接电路如图 5-51 所示。

当按下"车外新鲜空气导入"键时，电流路径为：经空调 ECU 端子 5→伺服电动机端子 4→触点 B→活动触点→触点 A→电动机→伺服电动机端子 5→空调 ECU 端子 6→空调 ECU 端子 9 搭铁。此时伺服电动机转动，带动活动触点、电位计触点及进风挡风板移动或旋转，新鲜空气通道开启。当活动触点与触点 A 脱开时，电动机停止转动，送风方式被设定在"车外新鲜空气导入"状态，车外空气被吸入车内。

车内循环位置   空气导入位置

触点 A   触点 B   触点 C

活动
触点

电位计

进风控制伺服电动机   空调 ECU

图 5-51 进风控制伺服电动机与空调 ECU 的连接

当按下"车内空气循环"键时，电流路径为：经空调 ECU 端子 6→伺服电动机端子 5→电动机→触点 C→活动触点→触点 B→伺服电动机端子 4→空调 ECU 端子 5→空调 ECU 端子 9 搭铁。于是电动机带动活动触点、电位计触点及逆风挡风板向反方向移动或旋转，关闭新鲜空气入口，同时打开车内空气循环通道，使车内空气循环流动。

当按下"自动控制"键时，空调 ECU 首先计算出所需要的出风温度，并根据计算结果自动改变进风控制伺服电动机的转动方向，从而实现逆风方式的自动调节。

（2）空气混合伺服电动机。空气混合伺服电动机连杆转动位置及电动机内部电路如图 5-52 所示。

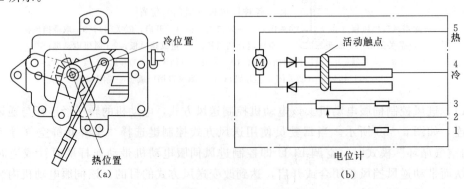

冷位置

活动触点

热   冷

电位计

热位置

（a）   （b）

图 5-52 空气混合伺服电动机连杆转动位置及电动机内部电路
（a）连杆转动位置；（b）电动机内部电路

当进行温度控制时，空调 ECU 首先根据驾驶员设置的温度及各传感器输送的信号，计算出所需要的出风温度，并控制空气混合伺服电动机连杆顺时针或逆时针转动，改变空气混合挡风板的开启角度，从而改变冷、暖空气的混合比例，调节出风温度与计算值相符。电动机内电位计的作用是向空调 ECU 输送空气混合挡风板的位置信号。

（3）送风方式控制伺服电动机。该电动机连杆（挡风板）的位置及电动机内部电路如图 5-53 所示。

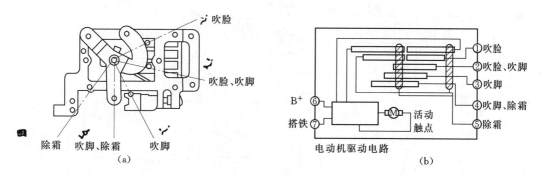

图 5-53　送风方式伺服电动机连杆位置及电动机内部电路
(a) 连杆位置；(b) 电动机内部电路

当按下操纵面板上某个送风方式键时，空调 ECU 即使电动机上的相应端子接地，而电动机内的驱动电路据此使电动机连杆转动，将送风控制挡风板转到相应的位置上，打开某个送风通道。

当按下"自动控制"键时，空调 ECU 根据计算结果（送风温度），在吹脸，吹脸、吹脚和吹脚三者之间自动改变送风方式。

（4）最冷控制伺服电动机。最冷控制伺服电动机的挡风板位置及内部电路如图 5-54 所示。从图 5-54 (a) 可见，该电动机的挡风板具有全开、半开和全闭 3 个位置。当空调 ECU 使某个位置的端子接地时，电动机驱动电路使电动机旋转，带动最冷控制挡风板位于相应位置上。

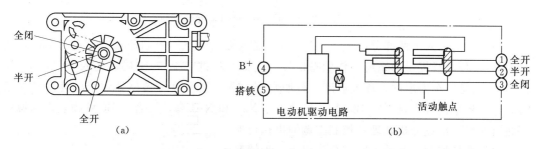

图 5-54　最冷控制伺服电动机的挡风板位置及内部电路
(a) 结构；(b) 原理

5.2.3.2　克莱斯勒公司 BCM 系统自动空调电路

目前，先进的车身控制模块（BCM，Body Control Module）在高档轿车上正在得到普遍应用。它不同于采用独立单片机控制的自动空调系统，而将车身电器的工作统一采用计算机系统进行控制，虽然电路复杂，但功能更加完善，操作性与舒适性有很大的提高，且系统资源共享，效率更高。

克莱斯勒公司就是新一代具有代表性的使用 BCM 系统的公司，其空调系统电路部分见图 5-55。

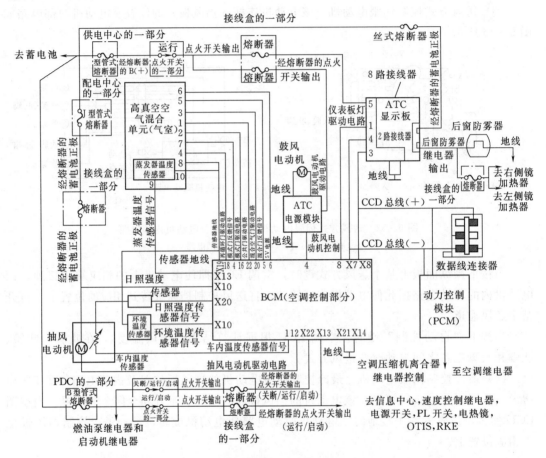

图 5-55　克莱斯勒公司 BCM 系统自动温度控制原理图

该电路的输入由两部分组成，一是 ATC 显示板（即空调控制面板）设定的工作模式信号和 CCD 总线提供的系统工作状态信号（包括发动机工况），编码后送入 BCM 的 X7、X8 脚；二是由车内温度、环境温度、日照强度、蒸发器温度等传感器组成的环境状态信号，这类模拟信号直接送入 BCM 的 1、X10、X20 和 X13 脚，二者在 BCM 模块内与源程序进行比较，经过分析处理，控制空调输出执行器。

执行器按控制对象的不同，分为以下几种情况。

（1）对小功率器件，如图中高真空空气混合单元（即空气配送总成），内置的电控真空阀门及气门翻板、电动机驱动的风门等，由于所需要的驱动电流较小，所以，由 BCM 内置功率器件直接驱动其工作。

（2）对大功率器件，如图中对空调压缩机离合器的控制，由于驱动功率较大，损坏几率较高，为防止其单元损坏造成 BCM 整体失效，所以采用中间驱动方式，即图中单置的

144

动力控制模块（PCM），其内部结构多为大功率晶体管组成的达林顿级联形式。采用这种结构的优点是，发热器件远离 BCM 主板，提高了系统的可靠性；当模块损坏后，可以方便地进行检修与更换，降低了维修成本。

（3）对于采用复杂工作模式的部件，如图中的鼓风电动机，由于其工作时要按照系统要求提供不同的风速，即对电动机实施无级调速，所以在工作时，BCM 模块把鼓风电动机控制信息传给电源模块（图中 BCM 的 4 脚输出至 ATC 电源模块）。它是一个脉宽调制的电压信号，即频率不变但通断时间比变化的电压信号，直接控制鼓风电动机的转速，该车共有 14 种不同的鼓风机转速。

电路中对故障的检测和显示，一般情况由系统进入诊断程序自动完成，在 ATC 显示板上直接示出，ATC 显示板还可以根据 BCM 提供的信息，显示系统的温度、风向、工作模式等状况；还可以通过图中数据线连接器的外设接口，由故障诊断仪来检测。

由于 BCM 系统在设计时充分考虑了汽车空调的各种复杂工况和相应的技术要求，所以工作时自动化程度和控制精度较高，系统稳定，可靠性亦较高，操作简单。除了可以按照设定进行工作外，其在对车身电器进行控制过程中，BCM 还不断地监测系统的工作情况有无潜在的故障。微机把系统状况与程序参量相比较，如果某状况超出了这些极限，微机就探测到一项故障，于是就设置一故障码指出系统的故障部位。如果某故障导致系统工作不正常，BCM 可以利用故障软件的作用将其影响减少到最低程度。例如：如果自动空调系统的车内温度传感器有故障，BCM 就会提供一个固定值替代它自身的输入，避免整个系统停止运转。这个固定值可以是存入 BCM 存储器的程序，或者是故障前最后接收到的传感器信号。这样就能使系统依据一个限定的基本参数运行，而不至于使系统完全停止工作。

5.3 习　　题

5.3.1　简答题

1. 简述自动空调鼓风机不能启动故障的排除过程。

2. 简述自动空调压缩机电磁离合器不能吸合故障的排除过程。

3. 怎样利用空调自诊断系统排除自动空调系统故障？

5.3.2　技能训练题

1. 压缩机控制线路故障诊断训练。

（1）启动已设置好故障的轿车或自动空调台架，观察压缩机电磁离合器不能吸合故障的具体表现。

（2）分析"压缩机电磁离合器不能吸合故障"的产生原因。根据故障现象推测故障可能原因，将推测结果填至表 5-2 中。

（3）诊断"压缩机电磁离合器不能吸合故障"的方法及步骤。将所用的方法及步骤填至表 5-3 的空格中。

2. 制定诊断与排除鼓风机不能运转故障的方案。

表 5－2   故 障 产 生 原 因 分 析

序号	故障现象	故障可能原因分析
1		
2		
3		
4		
5		
6		
7		

表 5－3   诊 断 方 法 及 步 骤

诊断步骤	诊 断 内 容
1	
2	
3	
4	
5	
6	
诊断结果分析	

5.3.3 选择题

1. 关于自动空调系统鼓风机不能启动故障的说法，以下哪种正确？（   ）

A. 鼓风机不能启动故障与传感器无关

B. 鼓风机不能启动故障可利用自诊断系统进行辅助诊断

C. 鼓风机不能启动故障与执行器无关

D. 鼓风机不能启动故障与日照强度有关

2. 当鼓风机出现持续高速运转故障时，一定与以下哪个元件无关？（   ）

A. 环境温度传感器   B. 鼓风电动机

C. 车内温度传感器   D. 太阳辐射传感器

3. 以下关于自动空调送风量不足故障原因的叙述，哪一个是不正确的？（   ）

A. 可能是空调配气系统风道漏气造成

B. 可能是空调蒸发器表面堵塞（脏堵或冰堵）引起

C. 可能是汽车电源系统电压过高故障引起

D. 可能是空调鼓风机及控制线路故障引起

5.4 拓 展 阅 读

5.4.1 汽车空调的使用

在使用汽车空调时应注意以下几个方面。

（1）先放热气再开空调。若车在烈日下停放时间较长，车辆启动后不要立刻使用空调。先把所有车窗都打开，启动外循环，把热气排出去，等车厢内温度下降后，再关闭车窗，开启空调。不应频繁开启和关闭空调，以防损坏空调系统。

（2）车内开空调时，司机不要在车内吸烟。若吸烟，请将空调的通风控制调到"外循环"位置。

（3）在空气进气口附近不能堆放物品，以防进气口被堵，致使空调系统空气流通受阻。

（4）经常清洁出风口和驾驶室内的灰尘与污垢。这不仅有助汽车的美观，而且对驾驶员和乘客的身体健康是有益的。

（5）停车后使用空调时间不能过长。有的车主为凉快，关紧车门窗，打开空调在车里休息，这样极易导致车内一氧化碳浓度升高而中毒。

（6）在到达目的地（停车）之前几分钟关掉冷气，稍后开启自然风，在停车前使空调管道内的温度回升，消除与外界的温差，从而保持空调系统的相对干燥。避免因潮湿造成大量霉菌的繁殖。

（7）低速行驶时尽量不使用空调。行车中遇到交通堵塞时，不要为提高空调效能而使发动机以较高转速运转，因为这样做对发动机和空调压缩机的使用寿命都有不利影响。

（8）不要先熄火再关空调。有的车主常常在熄火之后才想起关闭空调，这对发动机是有害的，因为这样在车辆下次启动时，发动机会带着空调的负荷启动，这样的高负荷会损伤发动机。因此每次停车后应先关闭空调再熄火，而且也应该在车辆启动 2~3min、发动机得到润滑后，再打开空调。

5.4.2　汽车空调的维修——故障实例
5.4.2.1　鼓风机只有高速挡
车型：雷克萨斯 LS400。

故障症状：空调鼓风机只有高速挡，而没有低速挡。

诊断步骤：

（1）故障现象。开启空调时，空调鼓风机只有高速挡，而没有低速挡。

（2）故障分析与排除。由于鼓风机高速运转正常，这说明电源部分正常，故障主要出在功率晶体管 A/C 微机控制器或微机控制器功率晶体管的电路上，即空调风机控制器电路。

用一只正常的 10W 灯泡做成试灯，一端接蓄电池正极，另一端接功率晶体管的 A2，将功率管的 A1 端直接接蓄电池负极，再将功率晶体管的 B2 接头接上 10kΩ 的可变电阻，电阻另一端与蓄电池正极相接，调节可变电阻阻值，正常时，灯泡的亮度会随阻值的变化而变化，而此时灯泡却一直没亮，这说明功率晶体管有故障。

更换一新的功率晶体管，鼓风机转速恢复正常，故障排除。

分析：雷克萨斯 LS400 轿车空调鼓风机采用自动空调鼓风机，而控制系统无法通过微机自诊断读出，从其电路图可以看到，空调微机输出一个正电压信号给鼓风机功率放大管基极 R-2，导通功率二极管，从而控制鼓风机搭铁回路，且鼓风机转速在功率管未饱和之前会随着晶体管基极 112 点的电压升高而加快，当高速继电器接收来自微机端子输出的一个信号，高速继电器吸合，鼓风机以高速运转。

5.4.2.2　加错制冷剂

车型：上海通用别克轿车。

故障症状：空调出风口的冷风出风异常。

诊断步骤：

（1）故障现象。一辆上海通用别克轿车装有 R-134a 全自动空调。行驶过程中，空调出风口的冷风出风量逐渐减小，再过一段时间后，又恢复正常，出现间歇性制冷的故障现象。

（2）故障分析与排除。观察压缩机的工作情况，发现压缩机能够一直吸合。连接好空调压力计，测试系统内的高、低压端压力，数值正常。利用车辆专用检测仪 TECH2 进行检测，无故障码存储，读取 ECU 内有关空调的数据（主要是空调压力信号），没有发现异常。

通过制冷剂纯度分析仪测试制冷剂成分后发现，系统存在 28% 的 R-12。

别克轿车装备的是变排量空调压缩机。空调系统工作时，空调控制系统不采集蒸发器出风口的温度信号，而是根据空调管路内压力的变化信号控制压缩机的压缩比来自动调节出风口温度。在制冷的全过程中，压缩机始终是运转的，制冷强度的调节完全依赖装在压缩机内部的压力调节阀来控制。当空调管路内高压端的压力过高时，压力调节阀缩短压缩机内活塞行程以减小压缩比，这样就会降低制冷强度；当高压端内压力下降到一定程度，低压端压力上升到一定程度时，压力调节阀则增大活塞行程以提高制冷强度。

由于该车空调系统制冷剂内混入了 R-12，造成系统内压力控制不良，制冷强度上升。在此状态下工作一段时间后，过低的温度使蒸发器外壁结霜，空调出风口无风，当蒸发器外壁的霜溶化后系统又恢复正常。

因为别克轿车空调系统添加的制冷剂应为 R-134a，于是排空系统内的制冷剂以清 R-12。由于过低的温度已经改变了压力调节阀内部弹簧的弹性系数，所以压力调节阀也应更换。更换压缩机压力调节阀后，用氮气清洗空调管路并抽真空后填充纯正的 R-134a 制冷剂，再次开空调试验，故障排除。

参 考 文 献

［1］ 肖鸿光．汽车空调［M］．北京：机械工业出版社，2009．

［2］ 李祥峰．汽车空调［M］．西安：西安电子科技大学出版社，2011．

［3］ 梁家荣．汽车空调［M］．北京：机械工业出版社，2008．

［4］ 黄远雄．汽车空调维修［M］．北京：化学工业出版社，2010．

［5］ 齐志鹏．汽车空调系统的结构原理与检修［M］．北京：人民邮电出版社，2002．

［6］ 李良洪．桑塔纳轿车电气与电控系统维修资料［M］．北京：电子工业出版社，2002．

［7］ 范爱民．汽车空调原理结构与维修［M］．北京：机械工业出版社，2009．

［8］ 李东江．国产轿车空调系统检修手册［M］．北京：机械工业出版社，2004．

［9］ 陈孟湘．汽车空调［M］．上海：上海交通大学出版社，2001．

［10］ 梁荣光．现代汽车空调技术［M］．广州：华南理工大学出版社，2002．